江西理工大学清江学术文库资助

功能化有序介孔吸附剂及其在水处理中的应用

黄微雅 著

北 京
冶金工业出版社
2023

内 容 提 要

本书共分7章，主要介绍了介孔材料的研究进展、乙二胺功能化介孔材料的合成及除磷性能、大孔-介孔分级结构材料的合成及除磷性能、镧改性空心/花状介孔材料的合成及吸附性能，以及镧/聚乙烯亚胺功能化树枝状介孔材料及吸附性能。

本书可供从事介孔材料的制备、改性及其应用研究的科研人员阅读，也可作为普通高等院校环境、化学化工类相关专业师生的教学参考书。

图书在版编目（CIP）数据

功能化有序介孔吸附剂及其在水处理中的应用/黄微雅著. —北京：冶金工业出版社，2021.12（2023.1重印）
ISBN 978-7-5024-9003-4

Ⅰ.①功… Ⅱ.①黄… Ⅲ.①多孔性材料—吸附剂—应用—废水处理—降磷—研究 Ⅳ.①X703

中国版本图书馆 CIP 数据核字（2021）第 266177 号

功能化有序介孔吸附剂及其在水处理中的应用

出版发行	冶金工业出版社		电　话	（010）64027926
地　　址	北京市东城区嵩祝院北巷39号		邮　编	100009
网　　址	www.mip1953.com		电子信箱	service@mip1953.com

责任编辑　张熙莹　　美术编辑　彭子赫　　版式设计　郑小利
责任校对　郑　娟　　责任印制　窦　唯

北京虎彩文化传播有限公司印刷
2021年12月第1版，2023年1月第2次印刷
710mm×1000mm　1/16；9印张；175千字；135页

定价56.00元

投稿电话　（010）64027932　　投稿信箱　tougao@cnmip.com.cn
营销中心电话　（010）64044283
冶金工业出版社天猫旗舰店　yjgycbs.tmall.com

（本书如有印装质量问题，本社营销中心负责退换）

前　　言

　　环境污染和能源危机是当前人类面临的两大问题，其中水污染问题尤为突出。高效快速处理污水中的各类有害污染物和污水再生是解决水污染问题和缓解水资源危机的关键技术。吸附法因处理效率高、操作简便、成本低而被广泛应用于污水处理中。吸附法的核心在于吸附剂的选择，其中新型吸附剂的开发与应用成为吸附领域的研究热点。

　　功能化有序介孔材料具有比表面积大、孔道结构和表面官能团可调控等优点，作为吸附剂能够提供较高密度活性位点用于选择性吸附废水中的污染物，具有高吸附容量和快速吸附性能。近年来，功能化有序介孔吸附剂在废水中污染物的吸附去除中表现出突出的优势。

　　本书分为7章，第1章为绪论，第2章为功能化介孔材料的制备及其在去除污水中磷的应用，第3章为Fe(Ⅲ)-乙二胺功能化介孔材料的一步法合成及其除磷性能，第4章为乙二胺功能化大孔-介孔吸附剂的合成及其除磷性能，第5章为氧化镧负载空心介孔微球和花状介孔微球吸附剂的合成及其除磷性能，第6章为氢氧化镧/聚乙烯亚胺功能化树枝状介孔材料及其同步吸附去除废水中磷和染料的性能，第7章为总结及展望。本书可供从事介孔材料的制备、改性及其水处理应用相关研究的科研人员阅读，也可作为普通高等院校或高职院校环境和化学化工类相关专业，如化学、应用化学、化学工程与工艺、市政工程、环境工程、环境科学等专业的师生的教学参考书。

本书是在作者研究成果的基础上撰写而成的。感谢江西理工大学李金辉教授、刘晋彪教授、杨凯教授、陈勋俊博士、卢康强博士、张川群、谭颖、徐冲、解立家等同仁的大力支持。

本书的研究和出版工作得到了江西理工大学、国家自然科学基金（项目号：21607064、21707055、21962006）、江西省自然科学青年重点项目（项目号：20192ACBL20014、20192ACBL21011）、江西省自然科学基金（项目号：20181BAB203018、20181BAB213010）和江西理工大学清江青年优秀人才计划的资助，在此一并表示衷心的感谢。

由于作者水平所限，书中难免存在不足之处，恳请读者提出宝贵意见。

作　者

2021 年 10 月

目　　录

1 绪论 ……………………………………………………………………… 1
　1.1 废水中的常见污染物 ……………………………………………… 1
　1.2 水体富营养化的成因及其危害 …………………………………… 3
　1.3 污水除磷的国内外研究现状 ……………………………………… 5
　　1.3.1 化学沉淀法 …………………………………………………… 5
　　1.3.2 生物法 ………………………………………………………… 6
　　1.3.3 电解法 ………………………………………………………… 7
　　1.3.4 膜技术 ………………………………………………………… 7
　　1.3.5 离子交换法 …………………………………………………… 7
　　1.3.6 吸附法 ………………………………………………………… 7
　1.4 常用吸附剂的分类 ………………………………………………… 8
　　1.4.1 碳材料 ………………………………………………………… 8
　　1.4.2 天然黏土材料 ………………………………………………… 9
　　1.4.3 金属（氢）氧化物 …………………………………………… 10
　　1.4.4 废弃物 ………………………………………………………… 10
　　1.4.5 功能化介孔材料 ……………………………………………… 11
　　1.4.6 金属有机框架材料 …………………………………………… 13
　参考文献 ………………………………………………………………… 14

2 功能化介孔材料的制备及其在去除污水中磷的应用 ………………… 18
　2.1 吸附性能的研究与数据分析 ……………………………………… 18
　　2.1.1 吸附过程的相关计算 ………………………………………… 19
　　2.1.2 吸附数据的热力学模型拟合 ………………………………… 20
　　2.1.3 吸附数据的动力学模型拟合 ………………………………… 22
　2.2 功能化介孔二氧化硅材料 ………………………………………… 23
　　2.2.1 金属配位氨基功能化介孔硅材料 …………………………… 29
　　2.2.2 质子化氨基功能化介孔硅材料 ……………………………… 31
　　2.2.3 金属负载介孔二氧化硅材料 ………………………………… 34

2.3 功能化分级多孔二氧化硅吸附剂 …………………………………… 38
  2.4 介孔金属氧化物和金属硫酸盐 ……………………………………… 40
  参考文献 ……………………………………………………………………… 44

3 Fe(Ⅲ)-乙二胺功能化介孔材料的一步法合成及其除磷性能 …………… 53

  3.1 实验方法 …………………………………………………………………… 53
    3.1.1 功能化 MCM-41 的一步法合成 ………………………………… 53
    3.1.2 功能化 SBA-15 的一步法合成 ………………………………… 54
    3.1.3 吸附剂的表征及静态吸附除磷实验 …………………………… 54
  3.2 吸附剂的表征结果分析 ………………………………………………… 55
    3.2.1 Fe(Ⅲ)-乙二胺功能化 MCM-41 吸附剂 ………………………… 55
    3.2.2 Fe(Ⅲ)-乙二胺功能化 SBA-15 吸附剂 ………………………… 57
  3.3 功能化 MCM-41 吸附剂的除磷性能 …………………………………… 60
    3.3.1 去除率比较 ………………………………………………………… 60
    3.3.2 吸附热力学 ………………………………………………………… 60
  3.4 功能化 SBA-15 吸附剂的除磷性能 …………………………………… 61
    3.4.1 不同官能团含量对吸附剂去除率的影响 ……………………… 61
    3.4.2 吸附剂等温线及其模拟 ………………………………………… 62
    3.4.3 吸附量与文献值比较 …………………………………………… 63
    3.4.4 吸附动力学及其模拟 …………………………………………… 64
    3.4.5 pH 值对吸附的影响 ……………………………………………… 65
    3.4.6 干扰离子对吸附的影响 ………………………………………… 65
    3.4.7 脱附动力学 ………………………………………………………… 66
  参考文献 ……………………………………………………………………… 67

4 乙二胺功能化大孔-介孔吸附剂的合成及其除磷性能 ……………………… 71

  4.1 实验方法 …………………………………………………………………… 71
    4.1.1 Fe(Ⅲ)-络合乙二胺功能化的大孔-介孔吸附剂的制备 ……… 71
    4.1.2 Al(Ⅲ)-络合乙二胺功能化的大孔-介孔吸附剂的制备 ……… 72
  4.2 吸附剂的表征结果 ……………………………………………………… 72
    4.2.1 吸附剂母体 ………………………………………………………… 72
    4.2.2 Fe(Ⅲ)-络合乙二胺功能化的大孔-介孔吸附剂 ……………… 74
    4.2.3 Al(Ⅲ)-络合乙二胺功能化的大孔-介孔吸附剂 ……………… 75
  4.3 Fe(Ⅲ)-络合乙二胺功能化的大孔-介孔吸附剂的除磷性能 ………… 78
    4.3.1 吸附等温线 ………………………………………………………… 78

4.3.2 pH值对吸附的影响 ·· 79
　　4.3.3 吸附动力学 ·· 80
　　4.3.4 干扰离子的影响 ·· 80
4.4 Al(Ⅲ)-络合乙二胺功能化的大孔-介孔吸附剂的除磷性能 ············ 81
　　4.4.1 吸附等温线及模拟 ·· 81
　　4.4.2 吸附动力学 ·· 82
参考文献 ··· 82

5 氧化镧负载空心介孔微球和花状介孔微球吸附剂的合成及其除磷性能 ······ 84

5.1 实验方法 ·· 84
　　5.1.1 氧化镧负载空心介孔微球吸附剂 ···································· 84
　　5.1.2 氧化镧负载花状介孔微球吸附剂 ···································· 85
5.2 吸附剂的表征结果分析 ·· 86
　　5.2.1 氧化镧负载空心介孔微球吸附剂 ···································· 86
　　5.2.2 氧化镧负载花状介孔微球吸附剂 ···································· 88
5.3 氧化镧负载空心介孔微球吸附剂的除磷性能 ···························· 93
　　5.3.1 不同氧化镧负载量对吸附性能的影响 ······························· 93
　　5.3.2 吸附等温线 ·· 93
　　5.3.3 吸附动力学 ·· 94
　　5.3.4 pH值对吸附性能的影响 ·· 95
　　5.3.5 干扰离子对吸附性能的影响 ·· 96
5.4 氧化镧负载花状介孔微球吸附剂的除磷性能 ···························· 97
　　5.4.1 吸附等温线 ·· 97
　　5.4.2 吸附动力学 ·· 98
　　5.4.3 pH值和干扰离子对吸附性能的影响 ·································· 98
参考文献 ·· 101

6 氢氧化镧/聚乙烯亚胺功能化树枝状介孔材料及其同步吸附去除废水中磷和染料的性能 ·· 105

6.1 实验步骤 ··· 106
　　6.1.1 吸附剂的合成 ·· 106
　　6.1.2 吸附研究过程 ·· 106
6.2 样品的表征结果分析 ·· 107
6.3 样品的吸附性能 ·· 113
　　6.3.1 吸附动力学 ··· 113

  6.3.2 吸附等温线 …………………………………………………… 115
  6.3.3 吸附热力学 …………………………………………………… 120
  6.3.4 共存离子和溶液 pH 值对吸附性能的影响……………………… 121
 6.4 吸附机理分析 ………………………………………………………… 124
 6.5 吸附剂再生性能和不同介质模拟废水中的性能 …………………… 128
 参考文献 ………………………………………………………………… 129

7 总结及展望 ……………………………………………………………… 134

1 绪　　论

水是人类的生命之源。地球上的水虽然数量巨大,但储量中97.3%为海水,淡水资源的总量十分有限,仅占总水量的2.5%,而在这极少的淡水资源中,又有70%以上被冻结在南极和北极的冰盖中,加上高山冰川和永冻积雪,有87%的淡水资源难以利用。人类真正能够利用的淡水资源是江河湖泊和地下水中的一部分,约占地球总水量的0.26%。目前,全球80多个国家的约15亿人面临淡水不足,其中26个国家的3亿人完全生活在缺水状态。预计到2025年,全世界将有30亿人缺水,涉及的国家和地区达40多个。21世纪水资源正在变成一种宝贵的稀缺资源,水资源问题已不仅仅是资源问题,更成为了关系到国家经济、社会可持续发展和长治久安的重大战略问题。

随着全球经济的高速发展和人民物质文化生活水平的提高,一方面,人们对淡水资源的消耗量与日俱增;另一方面,来自农业、工业和能源产业的大量未处理或者部分处理的含高毒性有机污染物和难降解重金属离子的废水被直接排放到生态系统中,造成了严重的水污染[1]。

1.1　废水中的常见污染物

近年来,随着城市化和工业化的迅猛发展,以及人类对资源的过度开采和不合理利用,大量含重金属离子、无机阴离子、有机化合物(如染料、酚类、农药、油脂、腐殖质等)等污染物的工业(如采矿、化肥、农药、制革、电镀、造纸等行业)废水、养殖业废水和生活废水等被直接或间接排放到河流、湖泊或海洋等自然水体环境中,造成了日益严重的水污染问题,已成为全球关注的焦点。废水中常见的几类污染物如下:

(1) 重金属离子。重金属是指密度大于$4.5g/cm^3$的金属,包括金、银、铜、铁、铅等。重金属污染指由重金属或其化合物造成的环境污染,如日本的水俣病是由水体中汞污染所引起,其危害程度取决于重金属在环境、食品和生物体中存在的浓度和化学形态。随着工业的快速发展,金属电镀、肥料制造、电池、采矿等行业排放出大量含重金属离子的废水,不但严重污染环境,而且危害人类身体健康。随废水排出的重金属离子,即使浓度小,也可在藻类和底泥中积累,被鱼和贝类体表吸附,产生食物链浓缩,从而造成公害。重金属污染与其他有机化合物的污染不同(不少有机化合物可以通过自然界本身物理的、化学的或生物的净化，使有害性降低或解除），重金属离子具有富集性，很难在环境中降解。

进入地球表面的有毒金属化合物不仅会污染地球的水（海洋、湖泊、池塘和水库），而且还会在雨雪过后从土壤中泄漏，从而污染微量地下水。长期接触重金属（大部分有毒的重金属）可导致肾脏功能衰竭、胃肠功能紊乱、皮炎、肝脏损伤、心血管疾病以及神经系统不可逆的损害。一些重金属离子，如铅、镉、锌、汞、银、铬、铜、铁等离子会在水或食品中大量累积，导致人类和动物中毒，严重时可引起器官衰变和癌症[2]。如何实现对废水中重金属离子的快速有效处理成为人们关注和亟待解决的关键技术问题。

（2）染料。染料是最基本的化合物之一，通过在物体或者织物表面附着，进而赋予其颜色。天然染料和合成染料已广泛应用于食品、药品、化妆品、纸张、皮革、塑料和纺织品等基材的染色。与天然染料相比，合成染料在织物和纺织工业中占主导地位，天然染料不能充分满足工业需求，因此在食品工业中使用较多。据估计，有一万多种染料被用于各种工业用途。目前已知商业染料种类超过十万种，全球每年生产的合成染料超过 8×10^5 吨，其中 10%~15% 被释放到自然水环境中[3]。

合成染料的种类众多，每一种染料都有独一无二的化学结构和特殊的结合方式，可以根据染料结构、颜色和使用方法来分类。最常用的分类方法是基于染料的化学结构，可分为：酸性染料、碱性染料、偶氮染料、活性染料、直接染料等。据不完全统计，全球纺织工业的染料消耗量超过 1 万吨/年，其中约 100 吨/年的染料废水被直接排入天然水体。由于染料的显色性，染料对光线的遮蔽作用降低了水体本身的透光性，进而阻碍了水生生物的光合作用。此外，水体中的染料不仅增加了废水的总溶解固形物含量、总悬浮固形物含量以及化学需氧量（COD）和生物需氧量（BOD），对生态环境和生物有机体构成了严重且持久的威胁。合成染料分子结构稳定且复杂，能够抵抗水、洗涤剂或其他洗剂的分解作用，即便是暴露在极端热源、氧化剂或者强光下也能不被快速降解。合成染料在环境中的持久性是造成污染的主要原因，在世界范围内已成为一个严重的问题。特别是许多合成染料具有毒性、致癌和诱变作用。因此，废水中的染料，即使是少量，也应该在它们进入自然水体前有效地去除。

（3）新兴污染物。近年来，随着检测技术的发展，越来越多曾经无法被检测到的污染物被检测出，这些物质往往具有浓度低、不易降解等特性，被归类为新兴污染物（ECs）。新兴污染物是指环境中新出现的或是新近引起人们关注的一类污染物，主要包括：药物和个人洗护产品（PPCPs）、内分泌干扰物（EDCs）、洗涤剂、微塑料（MPs）、药物抗性基因（RGs）、全氟化合物（PFACs）、杀虫剂、除草剂、人工甜味剂等。其中，个人洗护用品（PPCPs）以及内分泌干扰物（EDCs）等因其较高的生物活性和毒性，引起人们高度关注。

众多研究表明，这些新兴污染物已经广泛分布在河流、湖泊、海洋、土壤、沉积物和地下水等环境介质中，而这些物质具有不易降解特性，对生态环境和人体健康造成诸多的不良影响。

(4) 总磷及氨氮。目前，我国河道黑臭问题严重，氨氮是导致河道黑臭的重要因子之一。氨氮是指水中以游离氨（NH_3）和铵离子（NH_4^+）形式存在的氮，动物性有机物的含氮量一般较植物性有机物高。同时，人畜粪便中含氮有机物很不稳定，容易分解成氨，因此，水中氨氮含量增高是指以氨或铵离子形式存在的化合氮含量增高。自然地表水体和地下水体中主要以硝酸盐氮（NO_3^-）为主，以游离氨（NH_3）和铵离子（NH_4^+）形式存在的氨氮叫水合氨，也称非离子氨。非离子氨是引起水生生物毒害的主要因子。国家标准Ⅲ类地面水规定，非离子氨氮的浓度不大于1mg/L。

磷在生物圈内的分布很广泛，地壳中磷的含量丰富，在所有元素中居前十位。在水环境中，磷是植物和水体藻类生长所必需的营养元素之一，但磷含量过高会造成地表水体富营养化和地下水磷污染。随着社会经济的发展，工农业活动使地球上的磷循环严重失衡，产生的富营养化污染已成为世界各国共同面临的重大环境问题。天然水体的富营养化程度依据水体中总磷（TP）的含量可分为三个等级：>20mg/m^3，为富营养化；10~20mg/m^3，为中营养化；<10mg/m^3，为贫营养化[4]。溶于水的无机磷可在地表和地下水中运移，其运移能力取决于土壤的矿物组成及其在矿物表面的反应。土壤中磷酸根离子的比例与土壤溶液的pH值有关，磷在矿物和各种沉积物颗粒表面的吸附可导致土壤和地下水中磷含量的升高，破坏土壤和地下水的质量，严重污染水环境。因此，研究废水除磷技术对解决水体富营养化的环境污染问题具有重大意义。

1.2 水体富营养化的成因及其危害

近年来，随着我国经济的快速发展和人口增长，河流、湖泊、海洋等水域的水质严重恶化，水体富营养化时有发生，而且有越来越严重的趋势。水体富营养化是指水生生物所需的磷、氮等营养物质受到自然因素或人类活动的影响，大量进入河流、湖泊、海口等水体中，导致浮游生物（如各种藻类等）快速繁殖，水体中溶解氧大量下降，水质恶化，进而使得水体中大量生命体死亡，水生态系统和水功能受到抑制和破坏的现象。水体富营养化不仅导致水体丧失自身调节功能，还可能使水体生态环境系统向不利于人类的方向演变。水体富营养化是当前人类面临的全球性环境问题之一，其危害主要表现为以下几个方面[5]：

(1) 由于营养物质的增加导致藻类大量生长，消耗深层水体的溶解氧，导致耗氧型生物无法生存。

(2) 许多藻类能分泌或代谢出有毒有害物质（如蓝藻可以分泌藻毒素，具有致癌性），不仅危害其他动植物，而且对饮用水水源地附近的居民健康造成严重的威胁。

（3）由于水体溶解氧的减少，导致大量水藻死亡。死亡后的水藻腐烂使水质恶化变得浑浊，水体透明度下降，最终导致水域环境的恶化，从而可能影响观光旅游事业的发展。

（4）当水体富营养逐步恶化时，水体的整个生态系统出现严重波动，生物多样性和稳定性降低，破坏了水体的生态平衡，加速水体衰亡的进程。

（5）影响饮用水处理系统，导致供水管道阻塞、水体蓝藻毒素超标和水体异味等大量饮用水水质安全问题。

（6）在经济上造成严重损失，而且直接危害人类自身的健康，最终将影响人类和社会的可持续发展。

水体富营养化的原因有多种，受到外界环境如气温、光照、水体的流动性等因素的影响。从目前水体富营养化产生原因来看，引起水体富营养化主要是农业肥料、工业原料、各种洗涤剂的生产过程，养殖场家禽排泄物和人体的排泄等。此外，水体中营养元素含量的变化也是导致水体富营养化的重要原因之一。水生生物所必需的营养因子包括氮和磷，尤其磷是水生生物生长的关键营养因子之一[3]。在水体中，磷主要是以磷酸盐的形式存在。由于磷酸根属于多元酸的含氧酸根，根据水溶液的 pH 值不同以不同的形式存在，即 $H_2PO_4^-$，HPO_4^{2-} 和 PO_4^{3-}。这些阴离子的转变方式见式（1-1）：

$$H_3PO_4 \xleftrightarrow{pK_{a1}} H_2PO_4^- + H^+$$

$$H_2PO_4^- \xleftrightarrow{pK_{a2}} HPO_4^{2-} + H^+ \qquad (1\text{-}1)$$

$$HPO_4^{2-} \xleftrightarrow{pK_{a3}} PO_4^{3-} + H^+$$

其解离常数分别为 $pK_{a1}=2.15$，$pK_{a2}=7.20$ 和 $pK_{a3}=12.33$。所以，当 pH 值在 2.20~7.30 之间时，水中的磷酸盐主要以 $H_2PO_4^-$ 离子的形式存在。而当 pH 值在 7.3~12 之间时，则主要以 HPO_4^{2-} 离子形式存在。水生生物可以直接利用磷酸盐，并通过光合作用转化为所需要的蛋白质。

天然水体中的磷酸盐的来源分为内源性磷和外源性磷，其中内源性磷主要来自于底泥，由一些矿物质分解产生；外源性磷则主要由雨水或各种天然因素将营养盐从地表带来。通常天然水体中磷酸盐的含量不会太高，然而，随着工农业的不断发展，人为因素导致外源性磷的含量急剧增加，并在水体磷含量的增加中起了主导作用。由于人类大量使用含磷化肥和含磷洗涤剂等，导致大量高浓度的含磷废水进入到湖泊等地表水体，使其磷的含量严重超标。

污水中的磷主要以正磷酸盐、聚磷酸盐和有机磷等形式存在。根据污水的来源,可分为工业污水和生活污水,并且不同来源的污水中总磷及各种形式的磷含量差别较大。其中,生活污水中的磷大部分以溶解态的无机磷为主,其余小部分是有机化合磷。其中,无机磷主要是来自洗涤剂的正磷酸盐和稠环磷酸盐,以磷酸盐的形式存在的,如 PO_4^{3-}、PO_3^-、HPO_4^{2-}、$H_2PO_4^-$ 等。对大多数的生活污水而言,其温度通常在 10~20℃ 之间,pH 值在 6.5~8.0 之间,虽然在此条件下聚磷酸盐的水解过程非常缓慢,但是在污水中存在着细菌生物酶,这种酶可以大大加快其水解转化过程。生活污水中还含有不少的缩聚磷酸盐,而缩聚磷酸盐在污水到达处理厂前已经转变为正磷酸盐。

一般认为水体中磷的浓度超过 0.5mg/L 时,就有可能导致水体富营养化,进而爆发水体水华[6]。研究者对全国 84 个代表性湖泊进行采样调查发现,44 个湖泊(占所调查湖泊的 52.4%)全年呈富营养状态,40 个湖泊(占所调查湖泊的 47.6%)为中营养[7]。此外,研究还发现,我国在 1933~1979 年的 46 年中仅发生过 12 次赤潮;而在 1990~1994 年的 5 年中,发生赤潮的次数就翻了十多倍,总共 139 次[8]。可见,水体富营养化日趋严重,有必要加大力度控制人为因素。如何在废水排放到自然水体之前进行深度除磷是环境工作者所面临的热点问题,具有极大的社会意义和经济意义。

1.3 污水除磷的国内外研究现状

污水除磷是延缓水体富营养化的有效手段,也是目前环境领域的研究热点。目前,国内外报道的污水除磷的技术有很多,主要包括化学沉淀法、生物法、膜技术法、结晶法和离子交换法等[9~14]。

1.3.1 化学沉淀法

化学沉淀法是将可溶性钙盐、铁盐、聚合铁盐、铝盐、聚合铝盐、聚合铁铝盐或者镁盐投加到污水中与磷酸盐反应生成不溶于水的磷酸钙、磷酸铁、磷酸铝或磷酸镁等沉淀物[9,15]。常用的化学沉淀剂主要包括氯化钙、铝酸钠、聚合氯化铝、硫酸铝、三氯化铁、氯化亚铁、聚合硫酸铝铁、硫酸亚铁、氯化镁等。化学法除磷去除率可达到 80%~90%,具有去除率高、操作简单、运行稳定等优点[23],适用于含磷浓度较高的污水。但由于该过程所需化学药剂量较大,运行费用高,工艺比较复杂,而且所产生污泥需要进一步处理,可能造成二次污染,因此该技术一般同其他除磷方法协同使用[16]。从原理上化学沉淀法除磷可分为:

(1) 钙-磷沉淀法。磷酸盐与钙盐发生沉淀作用生成羟基磷灰石($Ca_5 \cdot OH(PO_4)_3$),从而实现磷的沉淀[17~19]。其反应过程如下:

$$5Ca^{2+} + OH^- + 3PO_4^{3-} \longrightarrow Ca_5 \cdot OH(PO_4)_3 \tag{1-2}$$

同时存在副反应：

$$Ca^{2+} + CO_3^{2-} \longrightarrow CaCO_3 \quad (1-3)$$

投加的钙盐主要是石灰，此外还有方解石。其中石灰作为除磷沉淀剂，通常是在生物除磷之前，用其进行前处理。钙-磷沉淀成本低，易于操作，是一种比较常见的化学沉淀方法。

(2) 铝、铁-磷沉淀法。铁离子（Fe^{3+}、Fe^{2+}）或者铝离子（Al^{3+}）能与污水中的磷酸根发生沉淀作用[20]。其反应如下式：

$$Al^{3+} + PO_4^{3-} \longrightarrow AlPO_4 \downarrow \quad pH = 6 \sim 7 \quad (1-4)$$

$$Fe^{3+} + PO_4^{3-} \longrightarrow FePO_4 \downarrow \quad pH = 5 \sim 5.5 \quad (1-5)$$

而在沉淀过程中，OH^-的存在导致以下竞争反应：

$$Al^{3+} + 3OH^- \longrightarrow Al(OH)_3 \downarrow \quad (1-6)$$

$$Fe^{3+} + 3OH^- \longrightarrow Fe(OH)_3 \downarrow \quad (1-7)$$

这里所生成的氢氧化铝（$Al(OH)_3$）对正磷酸根和聚磷酸根有强烈的吸附作用，可生成羟基磷酸铝沉淀[21,22]。

并且，在适当的pH值下，$Fe(OH)_3$表面上的羟基与水中的磷酸根离子可以发生离子交换[22]，从而将磷酸根离子吸附到材料表面去除。其反应方程式如下：

$$Fe\text{-}OH + H^+ + H_2PO_4^- \longrightarrow Fe\text{-}H_2PO_4 + H_2O \quad (1-8)$$

$$Fe\text{-}OH + H^+ + HPO_4^- \longrightarrow Fe\text{-}HPO_4 + H_2O \quad (1-9)$$

(3) 镁-磷沉淀法。Mg^{2+}与NH_4^+和PO_4^{3-}可生成$MgNH_4PO_4 \cdot 6H_2O$。将$Mg(OH)_2$应用于厌氧污泥消化器，可大大减少悬浮固体及COD，提高沼气产率，并可降低水中磷酸根的浓度，实现高浓度磷的去除[23]。研究发现，当pH值为10.5时，污水中氮和磷的去除率分别可以达到83%和97%[24]。但由于使用镁盐不够经济，因而在实际应用中很少用于沉淀磷。

1.3.2 生物法

生物法是利用噬磷菌在好氧或厌氧条件下能摄取或释放磷的机理，通过提供交替的好氧/厌氧操作来实现除磷的目的[25]。在最优条件下，可以去除污水中90%的磷。为了有效地去除水中的磷，通常将生物法与化学沉淀法相结合。目前，实际应用的生物除磷技术主要有厌氧/好氧工艺、人工湿地等。人工湿地主要通过种植各种水生植物或陆生植物，利用植物根的生物过滤器作用吸收降解水中的污染物，达到除磷的目的。厌氧/好氧工艺包括：A^2/O工艺、氧化沟工艺、SBR工艺、Phostrip工艺和改良的UTC工艺等。

生物法除磷的优点是不需要投加化学药剂，不产生二次污染。但其缺点是通常需要庞大的处理装置，并且需要较长的除磷周期，运行操作要求严格，运行稳定性差。此外，生物法除磷对污水的温度、酸碱度等因素敏感，一般的生物处理工艺较难达到总磷小于 0.5mg/L 的排放标准[26,27]，需要进行二次除磷。近年来，研究者致力于许多新型的强化除磷工艺的研究和开发。

1.3.3 电解法

电解法是采用铝、铁、铜等材料作电极，施加直流或交流电处理含磷污水。电解法可与其他除磷方法相结合，以提高除磷效果。例如，可将其与生物法相结合，循环电解可使磷的去除率提高约 40%[28,29]。电解法除磷的优点是设备装置简单、去除效率高、工艺过程控制容易。相较于生物法，电解法具有去除率高、水力停留时间短、选择性强等优点。其缺点是电解法所用的电极材料消耗量较大，会产生大量的沉淀，运行费用也较高。

1.3.4 膜技术

膜技术也称膜分离技术，即利用膜的选择性分离实现液体中的不同组分的分离、纯化和浓缩。膜技术的核心是膜的选择和制备，膜材料的性质和化学结构对膜分离性能起着决定性作用。在实际应用中，膜技术除磷主要针对特定的废水，并且可以回收有价值的纯净磷盐。膜技术作为一种新的分离技术是环境保护和环境治理的首选技术，然而，膜的价格较为昂贵，并且膜在实际操作过程中容易受到多种因素的影响，因此膜技术必须与其他技术联合使用才能获得较高的经济效益。例如：膜技术可与生物法相结合，设计适当的生物膜反应器，如复合式生物膜反应器和序批式生物膜反应器。这种生物膜反应器具有处理效率高，净化功能显著，污泥沉降性好，易于固液分离等优点，并且剩余污泥产量少，可以减少污泥处理费用，并且易于运行管理[30]。

1.3.5 离子交换法

离子交换法是 20 世纪 80 年代中期，由意大利国家研究委员会开发的。该方法可同时去除污水中的磷、氨和钾三种元素，即首先通过选择性离子交换剂捕获污水中的氨和磷，然后加入氯化钠作为再生液解吸出氨和磷，最后进行化学沉淀生成磷酸钾和磷酸铵镁等产品。离子交换法的优点是效率高，可以同时去除三种元素，是一种很有应用前景的技术。但是由于污水中氨和磷元素的含量通常不是 1:1，从而导致了离子交换剂的再生液中需要投加大量的化学药剂才能生成磷酸铵镁。因此该方法的成功实施需要溶液中的三种元素的含量满足磷:氨:镁 = 1:1:1，即磷酸铵镁化学计量关系的要求。

1.3.6 吸附法

吸附是一种普遍存在的固体表面现象。吸附法是利用多孔性固体吸附剂处理溶液或气体中的污染物，使其中的一种或几种组分，在分子引力或化学键力的作用下被吸附在固体表面，从而达到分离的目的。吸附法除磷是利用吸附剂具有的大比表面积，通过磷在吸附剂表面沉淀、附着吸附或离子交换等过程，将水体中的磷转移到吸附介质上，从而达到去除磷的目的，实现磷的分离。污水中的磷的存在形式主要有正磷酸盐、聚磷酸盐和有机磷等。经过污水一次处理后，污水中所有无机磷酸盐都转为正磷酸盐；同时，在细菌的消化和反硝化作用下，有机磷也将部分转化为正磷酸盐。由于吸附法适合去除污水中低浓度磷的特点，可采用吸附法深度去除二次污水中残留的磷酸根，使之达到排放标准。而在生活污水中，其pH值通常为6.0~9.0，此时磷主要以HPO_4^{2-}和$H_2PO_4^-$的形式存在，非常适合吸附法除磷。

吸附法除磷的关键在于寻找一种廉价而高效的吸附剂。根据吸附剂和磷酸根作用力的不同可将吸附除磷过程分为化学吸附和物理吸附。物理吸附主要是范德华力的作用下的吸附，化学吸附则主要是指在化学键力作用下的吸附。通常物理吸附的速度较快并且是可逆的，而化学吸附的速度相对慢一些并且一般情况下不可逆。在吸附剂和磷酸根的作用方面，物理吸附可以是单分子层或多分子层吸附，而化学吸附一般是单分子层吸附。例如，一些天然吸附剂对磷酸根的吸附作用主要因为具有巨大的比表面积，所以吸附过程主要是物理吸附；而当天然吸附剂经过改性后，其表面活性及孔隙率明显提高，从而提高了吸附性能和离子交换性能，其吸附过程主要是化学吸附。

吸附法的优点是经济实用、除磷效率高、吸附量大等，并且尤其适用于去除低浓度含磷废水[31~35]，可将废水中的磷浓度降低到符合排放要求。因此，吸附法相对于其他除磷方法具有无可比拟的优势，目前已得到广泛应用。

1.4 常用吸附剂的分类

吸附法是通过吸附剂自身特点（比表面积大和多孔结构）或者吸附剂表面活性基团与吸附质的键合作用，选择性地使污染物富集分离的水处理方法。吸附法最关键的技术在于如何选择合适的吸附剂，来实现对污水有效地除磷过程。常见的除磷吸附剂介绍如下。

1.4.1 碳材料

目前文献报道的改性和未改性碳材料主要有活性炭、碳纳米管、石墨烯、氧化石墨烯、石墨、氧化石墨、木炭、多孔碳、碳纳米纤维、介孔碳（CMK-3）和碳化物衍生碳等，其在除磷领域的占比如图1-1所示[36]。其中，最常用的碳材料吸附剂是活性炭，占所有碳材料吸附剂的35%。活性炭结构中含有许多大小不等和形状不规则的细孔，使得其比表面积可以高达$500~1700m^3/g$，从而赋予其较强吸附能力。研究发现，用铁盐溶液处理过的活性炭对废水中的磷具有很高的去除率，相对于处理前的活性炭，其除磷效率提高了10倍。可见，活性炭除磷的优点是可同时吸附几种离子，具有较大吸附容量；但缺点也比较显著，如使用周期短、价格与操作费用昂贵等。

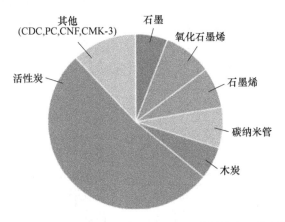

图1-1　近几年文献报道的各类碳材料吸附剂的占比分析[36]

生物炭是将生物质在氧含量较低氛围或无氧下炭化制得的碳材料，具有高碳含量、离子交换能力及巨大的比表面积、孔容积、丰富的官能团和较稳定的结构。这些特性使生物炭具有不错的吸附性能，同时生物炭表面的芳香性和功能性使生物炭对疏水性有机物有较强的去除能力，是一种性能优越的生物质基碳材料吸附剂。在成本上，相比于商用活性炭，生物炭的价格要低许多，与其他低成本的非传统吸附剂相比，生物炭的单位质量成本也十分低。制备生物炭的生物质来源广泛，种类繁多。农业废料是生物炭的主要原料之一，具有廉价、易得等优点。

1.4.2　天然黏土材料

天然黏土具有含量丰富、廉价易得、比表面积大等优点，逐渐成为一种有效代替高成本吸附剂的材料。天然黏土类吸附剂因具有独特的层状结构而表现出优异的吸附和离子交换性能，近年来成为吸附剂开发的热点。在除磷领域，常用黏土有膨润土、沸石、凹凸棒黏土、蛭石、硅藻土、海泡石和高岭土等。

例如，天然的蒙脱石层状结构中存在交换性的 Mg^{2+} 和 Ca^{2+} 等离子，对水体中的磷酸根具有一定吸附作用[37]，但是未经改性的天然蒙脱石直接使用时吸附量不高。研究发现，用铝改性并且在低温下用酸活化处理后，可使原来蒙脱石层间结构特征得到改变，比表面积增大，进而吸附特征也可以相应地提高[38]。此外，用铝盐和镁盐改性并活化后的膨润土也具有较好的除磷性能，对污水中磷的去除率基本都在91%以上，并且均可达到排放标准。孙家寿等人[39]的研究表明，铝盐柱撑的蒙脱石层间间距由原来的1.578nm增至1.695nm，吸附磷性能显著提高，吸附量为5.56mg/g，去除率为100%。改性后的凹凸棒黏土也可大大提高除磷性能，如对其进行热处理、酸处理和碱处理等改性后吸附效果可大幅度提升。与未处理的凹凸棒黏土相比，酸处理后的样品吸附能力提高了6倍，碱处理过的凹凸棒黏土的吸附能力可提高16倍[40]。实验研究表明[41]，改性后的凹凸棒黏土表面结构发生了改变，从而使其对水体中的磷具有更快的吸附能力和更高的吸附量。

1.4.3 金属（氢）氧化物

金属氧化物/氢氧化物（如镁、钙、铝和铁等）由于其良好的磷酸盐吸附活性和选择性而受到越来越多的关注。其中，水合氧化锆由于比表面积大和表面活性位点上羟基丰富，在吸附除磷方面具有良好的效果。活性氧化铝是一种比表面积大且高分散度的多孔物，微孔的存在使其具有较大的表面积，从而具有较强的吸附能力，因此受到了研究者的广泛关注。例如，研究发现[42,43]用活性氧化铝和氢氧化铁联合处理低浓度含磷废水，可将废水中的残余磷浓度降至$50\mu g/L$。此外，其他金属（如镁、钙、锆和钛）的氧化物、水合氧化物及其盐类，也具有较高的除磷吸附性能。例如，Chitrakar等人[44]研究了无定形氢氧化锆对水体中的磷酸根的去除性能，结果发现，在pH>6时，该吸附剂对含磷海水中磷的吸附量随海水的pH值增加而增加。当吸附剂用量为0.05g/L时，无定形氢氧化锆在模拟海水和废水中的吸附量分别为10mg/g和17mg/g。稀土金属，如镧、铈等对磷酸盐的具有快速吸附性。近年来，稀土金属氧化物/氢氧化物吸附剂及其改性的碳材料、黏土材料吸附剂等受到越来越多的关注。

通常可以采用浸渍、沉淀和热解结合的方法制备金属氧化物/氢氧化物改性吸附剂。金属氧化物/氢氧化物与磷酸盐的吸附作用机制主要有：配体交换、络合和静电作用，如图1-2所示[45]。

1.4.4 废弃物

废弃物包括自然废弃物和工业废弃物，如果壳、树皮、粉煤灰和炉渣等。研究发现一些廉价的农林废弃物和工业废弃物如钢渣、污泥等工业残渣对废水除磷具有一定的效果。粉煤灰具有较高的表面活性，在优化条件下能有效地去除水体中的磷，去除率达到91%以上[46~47]。张杰等人[47]发现经酸洗改性的粉煤灰对废水中磷的去除性能有所提高；在中性范围内，经改性粉煤灰处理后的抗生素废水可达标排放标准；随着所用酸强度的变大，改性后的粉煤灰吸附效果增强。

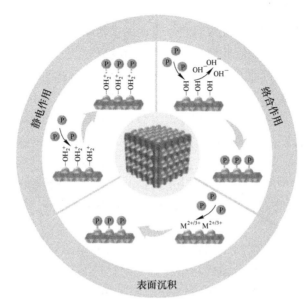

图 1-2　金属氧化物/氢氧化物与磷酸根离子的吸附作用机理[45]

炉渣也称钢渣，是炼钢过程中产生的废弃物。其中 FeO、CaO、MgO、SiO_2、MnO、Fe_2O_3、Al_2O_3、P_2O_5 等含量较高，因此对水体中的磷酸根具有较好的吸附效果。研究表明，pH>9 时，炉渣对水体中磷的吸附效果较好，其原理是生成了羟基磷灰石（$Ca_5 \cdot OH(PO_4)_3$）沉淀[48]。此外，邓雁希等人[49]的研究表明，废弃钢渣对磷酸盐有较好的去除作用，可使残留液中磷的浓度从 10mg/L 降到 0.1mg/L 以下，去除率可达到 99%。Yamada 等人[50]的研究表明，炉渣的孔隙度、温度、pH 值、电解质的浓度大小对其吸附性能都有一定的影响。其中当 pH=8 时，吸附剂的吸附量最大，并且温度升高有利于提高炉渣的吸附除磷能力。

1.4.5　功能化介孔材料

根据国际纯粹与应用化学联合会（IUPAC）分类，介孔材料是指孔大小范围在 2~50nm 的一类材料。近期的研究发现，介孔材料有望成为一类新型除磷吸附剂，是目前除磷领域的研究热点。介孔材料具有孔道结构排列高度有序、孔径均匀且尺寸可调、比表面积大、吸附容量高、热稳定性好和无毒性等优点，并且介孔材料孔道表面具有均匀的易于修饰的硅羟基的特点，因此介孔材料在环保领域中吸附重金属离子、有机污染物、放射性核素等方面具有较大的应用价值。

介孔材料最先由美国 Mobil 公司科学家在 20 世纪 90 年代初期研制而成，一经合成便引起此领域研究者的关注，掀起了介孔材料的合成和应用研究的热潮[50~52]。早期的研究主要集中在硅基介孔材料和改性的硅基介孔材料，如M41S、SBA、HMS等[53~54]。然而这些纯无机介孔吸附剂对水溶液中所含的污染物特别是有机污染物反应活性低，且水溶液中成分复杂，所含离子如Cl^-、NO_3^-、CO_3^{2-}、SO_4^{2-}等对吸附可能存在干扰，因此介孔材料在使用过程中面临的一大难题是如何提高其对特定有害物质的吸附活性和选择性。近年来的研究发现，跟活性炭不同，介孔氧化硅表面及孔壁上有均匀分布的高密度的Si—OH基团，可以和RSiOR'发生缩合反应，有机官能团通过"Si—O—Si"共价键的形式引入介孔材料表面和孔壁上。通常被引入的活性官能团有氨基、烷基、巯基、苯基、卤素等，可以针对废水中的不同污染物对介孔氧化硅进行选择性的改性，从而大大提高其吸附效率，因此有机官能团修饰改性是制备新型介孔吸附剂的一种有效方式。

自组装单分子层改性（self-assembled monolayers on mesoporous supports，SAMMS）是制备有机功能化改性新型高效吸附材料的有效手段[55]，由美国西北太平洋国家实验室（PNNL）最先提出。自组装单分子层的优点是可控进行功能化表面改性，而介孔材料的优点是具有高比表面积（约$1000m^2/g$）和较大的孔径（2~20nm）使得单分子层可进入孔道对孔表面进行改性（见图1-3）。结合两者的优势，所合成的有机改性介孔材料具有非常高的活性位点密度、高负载容量、强配体结合稳定性和快速绑定性。可选择性地吸附去除水溶液中的重金属（如汞、镉和铅）和阴离子（如铬、砷）等污染物[56~60]。该材料除了对特定的污染物具有高吸附性能外，还具有很高的选择性。因此，SAMMS材料应用于水污染物的处理具有无可比拟的优势。

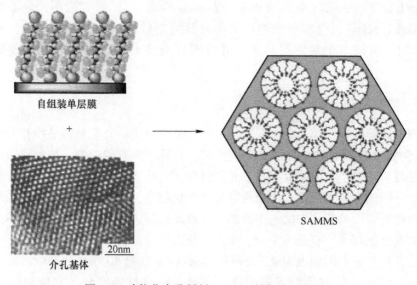

图1-3　功能化介孔材料SAMMS制备的示意图

在除磷方面，有机改性介孔材料也取得了一定的进展。例如，研究发现[61]，Cu(Ⅱ)-NN-SAMMS 和 Fe(Ⅲ)-NN-SAMMS 对水体中的磷酸根具有非常高的吸附性能，尤其是 Fe(Ⅲ)-NN-SAMMS 对水中磷酸根的最大吸附容量达到 43.3mg/g，高于文献报道的其他吸附剂，并可将水体中磷的浓度降低到 0.01mg/L 以下。此外，Rabih 等人[62]研究发现自组装功能化介孔材料 MCM-48-NH$_3^+$ 对高浓度（700g/L）溶液中的 H$_2$PO$_4^-$ 和 NO$_3^-$ 均有较强的吸附能力。当选用浓度为 0.01mol/L 的 NaOH 溶液作为脱附液体，可在 10min 内实现完全脱附，5 次吸附-脱附循环实验证明，介孔分子筛 MCM-48-NH$_3^+$ 质量和吸附能力均没有发生变化。

1.4.6 金属有机框架材料

金属有机框架（metal-organic frame，MOF）材料是一类金属离子或金属簇与有机配体之间自组装配位形成的化合物。自 20 世纪 90 年代初 MOF 材料首次被报道以来，MOF 材料在气体分离、储存、催化，药物传递，污染物去除，光学和发光材料等领域得到了广泛应用，如图 1-4 所示[2]。MOF 又称金属有机配位聚合物或金属有机网络结构，MOF 材料是指多齿有机配体和金属离子或离子簇之间通过配位键自组装形成的多维结构，并具有一定孔道或空腔的晶态材料。MOF 材料相比于传统吸附材料具有更高孔容和更大比表面积，其孔尺寸和形状可通过改变金属离子或金属团簇类型和有机配体长度进行设计和调节。MOF 材料近十年来发展迅速，已成为材料领域研究热点。

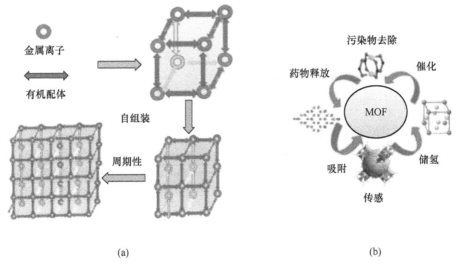

图 1-4 金属有机骨架化合物的结构 (a) 和应用 (b)

目前 MOF 材料作为水处理吸附剂的研究主要集中在：(1) 各种 MOF 材料对

不同污染物的吸附性能研究,以揭示相关吸附规律;(2)MOF材料自身功能化或MOF复合材料的制备,以改善自身稳定性,提高其吸附性能或实现选择性吸附;(3)MOF衍生碳吸附材料的研究,以应对恶劣水体环境或极端水处理条件[63]。

综上所述,目前所研究报道的除磷吸附剂有很多种,然而,在实际废水处理中仍然存在诸如吸附容量低和价格昂贵等不足,因此设计和开发新型高效的吸附剂仍然是研究者不断努力的方向。

参 考 文 献

[1] 吴阳,刘振中,江文,等. 生物炭对几类常见新兴污染物去除的研究进展[J]. 化工进展,2021,40(5):2839~2851.

[2] 王路平,卢占会,谭小丽,等. MOFs及其复合物光催化降解水中污染物的应用研究进展[J]. 南通大学学报(自然科学版),2021,20(1):14~27.

[3] Huang W Y, Wang S, Li D. Polymers and polymer composites for adsorptive removal of dyes in water treatment [J]. Sustainable Polymer Composites and Nanocomposites, 2019 (02): 519~556.

[4] 徐海滨,严卫星. 淡水湖泊微囊藻毒素的污染和毒理学研究[J]. 卫生研究,2002,31(6):477~480.

[5] 宋立荣,李林,陈伟,等. 水体异味及其藻源次生代谢产物研究进展[J]. 水生生物学报,2004,28(4):434~439.

[6] 顾启华. 富营养化水体中藻类水华成因分析与研究[D]. 天津:天津大学,2006.

[7] 韩博平,李铁,林旭钿,等. 广东省大中型水库富营养化现状与防治对策研究[M]. 北京:科学出版社,2003.

[8] 周怀东,彭文启. 水污染与水环境修复[M]. 北京:化学工业出版社,2005.

[9] Amuda O S, Amoo I A. Coagulation/flocculation process and sludge conditioning in beverage industrial wastewater treatment [J]. J. Hazard. Mater., 2007, 114: 778~783.

[10] 尹军,王建辉,王雪峰,等. 污水生物除磷若干影响因素分析[J]. 环境工程学报,2007,1(4):6~11.

[11] Xiong J B, Mahmood Q. Adsorptive removal of phosp polymers and polymer composites for adsorptive removal of dyes in water treatment hate from aqueous media by peat [J]. Desalination, 2010, 259: 59~64.

[12] Santoyo A B, Carrasco J L G, Gomez E G, et al. Spiral-wound membrane reverse osmosis and the treatment of industrial effluents [J]. Desalination, 2004, 160: 151~158.

[13] 段金明,张亚平,方宏达,等. 转炉渣诱导磷酸钙结晶法去除和回收废水中磷的研究[J]. 环境工程学报,2010,7(4):1576~1580.

[14] Zhao D Y, Sengupta A. Ultimate removal of phosphate from wastewater using a new class of polymeric ion exchangers [J]. Water Res., 1998, 34(5): 1613~1625.

[15] 邱维,张智. 城市污水化学除磷的探讨[J]. 重庆环境科学,2002,24(2):81~84.

[16] Donnert D, Salecker M. Elimination of phosphorus from municipal and industrial wastewater [J]. Water Sci. Technol., 1999, 40 (4~5): 195~202.

[17] Donnert D, Salecker M. Elimination of phosphorus from waste water by crystallization [J]. Environ. Technol., 1999a, 20: 735~742.

[18] Donnert D, Salecker M. Elimination of phosphorus from municipal and industrial waste [J]. Water Sci. Technol., 1999b, 40: 195~202.

[19] Marani D, Pinto A C D, Ramadori R, et al. Phosphate removal from municipal wastewater with low lime dosage [J]. Environ. Technol., 1997, 18, 225~230.

[20] 吴飞飞. 污水污泥吸附剂除磷及其效能研究与应用 [D]. 哈尔滨: 哈尔滨工业大学, 2009.

[21] Galarneau E, Gehr R. Phosphorus removal from wastewaters: experimental and theoretical support for alternative mechanisms [J]. Water Res., 1997, 31: 328~338.

[22] 项学敏, 刘颖, 周集体. 水合氧化铁对废水中磷酸根的吸附-解吸性能研究 [J]. 环境科学, 2008, 11 (29): 3059~3063.

[23] Wu Q, Bishop P L, Keener T C, et al. Sludge digestion enhancement and nutrient removal from anaerobic supernatant by $Mg(OH)_2$ application [J]. Water Sci. Technol., 2001, 44: 161~166.

[24] Shin H S, Lee S M. Removal of nutrients in wastewater by using magnesium salts [J]. Environ. Technol., 1998, 19: 283~290.

[25] 施汉昌, 柯细勇, 徐丽婕. 用化学法强化生物除磷的优化控制 [J]. 中国给水排水, 2002, 18 (7): 35~38.

[26] 顾夏声. 废水生物处理数学模式 [M]. 北京: 清华大学出版社, 1993.

[27] 张颖, 邓良伟. 废水中磷的去除研究进展 [J]. 中国沼气, 2005, 23 (3): 11~15.

[28] 吴燕, 安树林. 废水除磷方法的现状与展望 [J]. 天津工业大学学报, 2001, 20 (1): 74~78.

[29] 潘杨, 黄勇, 沈耀良. 废水中磷酸盐的去除与回用 [J]. 污染防治技术, 2004, 17 (1): 92~94.

[30] 荣宏伟, 吕炳南, 贾名淮. 序批式生物膜反应器脱氮除磷技术 [J]. 哈尔滨商业大学学报 (自然科学版), 2002, 18 (5): 534~536.

[31] Fytianos K, Voudrias E, Raikos N. Modelling of phosphorus removal from aqueous and wastewater samples using ferric iron [J]. Environ. Pollut., 1998 (101): 123~130.

[32] 丁文明, 黄霞, 等. 废水吸附法除磷的研究进展 [J]. 环境污染治理技术与设备, 2002, 3 (10): 23~27.

[33] 田锋, 尹连庆. 含磷废水处理的研究现状 [J]. 工业安全与环保, 2005, 31 (7): 6~8.

[34] 愈栋, 谢有奎, 方振东, 等. 污水除磷技术的现状与发展 [J]. 重庆市工业高等专科学校学报, 2004, 19 (1): 9~12.

[35] 孙家寿, 刘羽, 袁朝晖, 等. 天然沸石复合吸附剂的研制与性能 [J]. 矿产保护与利用报, 1996, (1): 23~25.

[36] Almanassra I W, Kochkodan V, McKay G, et al. Review of phosphate removal from water by carbonaceous sorbents [J]. J. Environ. Manag., 2021, 287: 112245.

[37] 冯惠敏, 贺霞, 等. JDF蒙脱石黏土凝胶制备及其在化妆品中的应用 [J]. 非金属矿报, 1991 (2): 32~34.

[38] 孙家寿. 膨润土对铬、磷的吸附性能研究 [J]. 非金属矿报, 1992, 4 (3): 33~35.

[39] 孙家寿, 刘羽, 鲍世聪, 等. 交联黏土矿物的吸附特性研究Ⅱ [J]. 武汉化工学院报, 1997, 19 (1): 34~37.

[40] 谢维民, 邱菲. 凹凸棒石黏土吸附剂除磷酸盐的研究 [J]. 矿产综合利用杂志, 1995 (5): 26~30.

[41] Ye H P, Chen F Z, Sheng Y Q, et al. Adsorption of phosphate from aqueous solution onto modified palygorskites [J]. Sep. Purif. Technol., 2006, 5 (3): 283~290.

[42] Genz A, Kornmuller A, Jekel M. Advanced phosphorus removal from membrane filtrates by adsorption on activated aluminium oxide and granulated ferric hydroxide [J]. Water Res., 2004, 38: 3523~3530.

[43] Donnert D. Elimination of phosphorus from municipal and industrial wastewater [J]. Wat. Sci. Tech., 1999, 40 (4~5): 195~202.

[44] Chitrakar R, Tezuka S, Sonaoda A, et al. Selective adsorption of phosphate from seawater and wasterwater by amorphous zirconium hydroxide [J]. J. Colloid Interface Sci., 2006, 297 (2): 426~433.

[45] Jiao G J, Ma J, Li Y, et al. Recent advances and challenges on removal and recycling of phosphate from wastewater using biomass-derived adsorbents [J]. Chemosphere., 2021, 278: 130377.

[46] 许可, 刘军坛, 彭伟功, 等. 改性粉煤灰处理含磷废水的研究 [J]. 化工时代杂志, 2008, 12 (1): 33~36.

[47] 张杰, 相会强, 张玉华, 等. 改性粉煤灰去除抗生素废水中的磷和色度 [J]. 中国给水排水, 2002, 18 (10): 49~51.

[48] Johanson L, Gustfsson J P. Phosphorus removal using furnaceslags and Opoka-mechanisms [J]. Water Res., 2000, 34 (1): 259~265.

[49] 邓雁希, 许虹, 黄玲, 等. 钢渣对废水中磷的去除 [J]. 金属矿山杂志, 2003 (5): 49~51.

[50] Yamada H, Kayama M, Saito K, et al. A fundmental research on phosphorus removal by using slag [J]. Water Res., 1986, 20 (5): 547~557.

[51] Atkin R, et al. Mechanism of cationic surfactant adsorption at the solid-aqueous interface [J]. Adv. Colloid Interface Sci., 2003, 103 (3): 219~304.

[52] Hough D B, Rendall H M. Adsorption from Solutions at the Solid-Liquid Interface. Adsorption of ionic Surfactants [M]. London: Academic Press, 1983.

[53] Liu X, Sun H, Chen Y, et al. Preparation of spherical large-particle MCM-41 with a broad particle-size distribution by a modified pseudomorphic transformation [J]. Micropor. Mesopor. Ma-

ter., 2009, 121 (1~3): 73~78.

[54] Abdullah A Z, Sulaiman N S, Kamaruddin A H, et al. Biocatalytic esterification of citronellol with lauric acid by immobilized lipase on aminopropyl-grafted mesoporous SBA-15 [J]. Biochem. Eng. J., 2009, 44 (2~3): 263~270.

[55] Fryxell G E, Mattigod S V, Lin Y, et al. Design and synthesis of self-assembled monolayers on mesoporous supports (SAMMS): The importance of ligand posture in functional nanomaterials [J]. J. Mater. Chem., 2007, 17 (28): 2863~2874.

[56] Lin Y, Fryxell G E, Wu H, et al. Selective sorption of cesium using self-assembled monolayers on mesoporous supports [J]. Environ. Sci. Technol., 2001, 35 (19): 3962~3966.

[57] Fryxell G E, Liu J, Hauser T A, et al. Design and synthesis of selective mesoporous anion traps [J]. Chem. Mater., 1999, 11 (8): 2148~2154.

[58] Yantasee W, Fryxell G E, Addleman R S, et al. Selective removal of lanthanides from natural waters, acidic streams and dialysate [J]. J. Hazard. Mater., 2009, 168 (2~3): 1233~1238.

[59] Lin Y, Fiskum S K, Yantasee W, et al. Incorporation of hydroxypyridinone ligands into self-assembled monolayers on mesoporous supports for selective actinide sequestration [J]. Environ. Sci. Technol., 2005, 39 (5): 1332~1337.

[60] Yokoi T, Tatsumi T, Yoshitake H. Fe^{3+} coordinated to aminofunctionalized MCM-41: an adsorbent for the toxic oxyanions with high capacity, resistibility to inhibiting anions, and reusability after a simple treatment [J]. J. Colloid Interface Sci., 2004, 274 (2): 451~457.

[61] Williawan C, Robert J W, Kanda P, et al. Phosphate Removal by Anion Binding on Functionalized Nanoporous Sorbents [J]. Environ. Sci. Technol., 2010, 44: 3073~3078.

[62] Rabih S, Khaled B, Safia H. Adsorption of phosphate and nitrate anions on ammonium-functionalized MCM-48: Effects of experimental conditions [J]. J. Colloid. Interf. Sci., 2007, 311 (2): 375~381.

[63] 附青山, 张磊, 张伟, 等. 金属-有机框架材料对废水中污染物的吸附研究进展 [J]. 材料导报, 2021, 35 (11): 11099~11109.

2　功能化介孔材料的制备及其在去除污水中磷的应用

为了有效控制水体富营养化进程和保护水生态平衡，需尽量控制水体总磷的含量在 0.010~0.100mg/L 之间，对于湖泊和水库水体而言，其总磷应控制在更严格的范围内（0.005~0.050mg/L）[1,2]。自 20 世纪 60 年代末以来，废水除磷已受到广泛关注。到目前为止，已经发展了多种废水除磷方法，主要包括生物法、化学沉淀法和物理方法[3]。生物法，即传统活性污泥法，可以达到近 100% 的除磷。然而，它们在低浓度含磷废水的深度除磷上效果较差，其原因在于低浓度条件下微生物的代谢降低，而且实施生物方法往往需要特殊的护理和严格的控制。目前，化学法比较常用，如添加石灰、明矾、铁盐等进行除磷，但在污泥处理方面仍存在一定的困难。物理方法，如反渗透和电渗析法等，存在价格昂贵或去除效率低等问题。与上述方法相比[4]，吸附法操作简单，被认为是一种比较实用、经济的除磷技术，具有低成本、除磷效率高、吸附速度快等优点，尤其适用于低磷浓度废水的除磷。此外，吸附法不仅可用于除磷，还可用于废水中磷的回收[5~19]。

近年来，功能化介孔材料在催化、吸附、分离、传感和医疗等方面的应用受到了广泛关注[20~26]。介孔材料发展的一个重大突破是在 1992 年发现了 M41S 族有序介孔二氧化硅[27]，其表面丰富的 Si—OH 基团为其孔道表面功能化改性提供了条件，符合作为优良吸附剂的要求[28]。因此，功能化介孔二氧化硅已被广泛研究作为高效吸附剂去除废水中的各种有害离子（如砷酸盐、铬酸盐、硒酸盐和钼酸盐）和染料等污染物[29~36]。并且，也可用于如三丙基磷酸盐、磷酸肽、神经毒性农药或神经毒剂等有机磷的去除[37,38]。

2.1　吸附性能的研究与数据分析

吸附是当吸附质与吸附剂在固-水界面存在良好的相互作用时发生的，这种相互作用是由于吸附剂局部浓度或表面浓度的增加而导致溶液体积浓度下降[39,40]。体积溶液中的吸附质浓度即残余磷酸盐浓度与吸附剂的界面浓度处于动态平衡状态，接触足够时间后，就建立了吸附平衡。吸附剂的吸附性能可以设计动态和静态吸附实验进行测试[39~41]。本章主要以研究吸附剂的吸附除磷性能为例介绍静态吸附实验的设计。

2.1.1 吸附过程的相关计算

静态吸附平衡数据传统上是由溶液消耗法确定的。将已知初始浓度的磷酸盐溶液与给定质量的吸附质混合，达到平衡后，磷酸盐过剩量由溶液浓度的变化决定，即初始浓度减去平衡浓度的值。因此，吸附过程的计算公式如下[41]：

(1) 去除率(%)：

$$去除率 = 100 \times \frac{c_0 - c_e}{c_0} \quad (2-1)$$

式中 c_0——初始溶液中磷酸盐浓度，mol/L；
c_e——滤液中磷酸盐浓度，mol/L。

(2) 平衡吸附量：

$$q_e = \frac{(c_0 - c_e)V}{m} \quad (2-2)$$

式中 q_e——平衡吸附量，mg/g；
m——吸附剂质量，g。

(3) 时间 t 时的吸附量

$$q_t = \frac{(c_0 - c_t)V}{m} \quad (2-3)$$

式中 q_t——时间为 t 时的吸附量，mg/g；
c_t——时间为 t 时溶液中的浓度，mol/L。

(4) 脱附率(%)：

$$脱附率 = \frac{c_t \times V}{q_e \times m} \times 100 \quad (2-4)$$

式中 c_t——脱附时间 t 后溶液中的含磷溶度，mol/L；
q_e——平衡吸附量，mg/g；
V——NaOH 溶液的体积，L；
m——吸附剂的质量，g。

(5) $\Delta G^\ominus$、$\Delta H^\ominus$ 和 $\Delta S^\ominus$ 的测定

$\Delta G^\ominus$ 用以下公式测定：

$$\Delta G^\ominus = - RT\ln K_d \quad (2-5)$$

式中 R——常数，$R = 8.314 \text{J/mol} \cdot \text{K}$；
T——绝对温度，K；
K_d——吸附过程的热力学平衡常数，可通过 $\ln(q_e/c_e)$ 对 q_e 作直线获得[1]。

$\Delta H^{\ominus}$ 和 $\Delta S^{\ominus}$ 通过 Van't Hoff 公式计算:

$$\ln K_d = \frac{\Delta S^{\ominus}}{R} - \frac{\Delta H^{\ominus}}{RT} \tag{2-6}$$

通过 $\ln K_d$ 对 $1/T$ 作线性图确定 $\Delta H^{\ominus}$ 和 $\Delta S^{\ominus}$ 的值。

2.1.2 吸附数据的热力学模型拟合

吸附平衡数据的建模对于了解吸附剂的吸附过程具有重要意义。平衡关系，即一般所说的吸附等温线，基本上可以描述吸附质与吸附剂相互作用的过程，对推测吸附机理、表达吸附剂的表面性质和吸附能力、有效设计吸附体系都是至关重要的。基于吸附质和吸附剂表面的相互作用，这种吸附行为通常可以采用吸附热力学模型进行模拟[42]。通过模型的拟合分析，可以进一步了解吸附剂的吸附过程，以及吸附质和吸附剂之间的相互作用。目前，吸附等温线的实验数据常用的模型有 Langmuir、Freundlich、Temkin、Dubinin-Radushkevich、Redlich-Peterson 和 Sips 等[43~48]。上述等温模型的线性和非线性表达式见表 2-1。

表 2-1 常用吸附热力学模型

热力学模型	方程式		模型常数
	非线性形式	线性形式	
Langmuir	$q_e = q_m K_L \dfrac{c_e}{1+K_L c_e}$	$\dfrac{c_e}{q_e} = \dfrac{1}{q_m K_L} + \dfrac{c_e}{q_m}$	q_m——最大饱和吸附量, mg/g; K_L——Langmuir 模型常数, L/mg
Freundlich	$q_e = K_F c_e^{1/n}$	$\ln q_e = \ln K_F + \dfrac{1}{n}\ln c_e$	K_F——Freundlich 模型常数, (L/mg)$^{1/n}$; n——吸附强度常数
Temkin	$q_e = \dfrac{RT}{b}\ln(K_T c_e)$	$q_e = \dfrac{RT}{b}\ln K_R + \dfrac{RT}{b}\ln c_e$	b——Tempkin 模型常数; K_T——热力学平衡结合常数, L/g
Dubinin-Radushkevich	$q_e = q_s \exp(-K_{DR}\varepsilon^2)$ $\varepsilon = RT\ln\left(1+\dfrac{1}{c_e}\right)$	$\ln q_e = \ln q_s - K_{DR}\varepsilon^2$	q_s——理论热力学饱和吸附量, mg/g; K_{DR}——Dubinin-Radushkevich 模型常数, mol^2/kJ
Redlich-Peterson	$q_e = \dfrac{K_R c_e}{1+\alpha_R c_e^{\beta}}$	$\ln\left(K_R\dfrac{c_e}{q_e}-1\right) = \beta\ln c_e + \ln\alpha_R$	K_R——Redlich-Peterson 模型常数, L/g; α_R——Redlich-Peterson 模型常数, (L/mg)$^{\beta}$; β——Redlich-Peterson 模型指数

续表 2-1

热力学模型	方程式		模型常数
	非线性形式	线性形式	
Sips	$q_e = \dfrac{K_s c_e^{\beta_s}}{1 + a_s c_e^{\beta_s}}$	$\ln \dfrac{K_s}{q_e} = -\beta_s \ln(c_e) + \ln a_s$	K_s——Sips 模型常数，L/g； a_s——Sips 模型常数，L/mg； β_s——Sips 模型常数

（1）Langmuir 模型[49~50]。Langmuir 吸附等温线模型是基于以下几点假设而提出的：1）吸附剂表面均匀并且所有的吸附位点相似；2）吸附质在吸附位点上的吸附为单分子层吸附；3）平衡时吸附和脱附达到动态平衡。Langmuir 等温模型用于描述在含有限数量相同位点的表面上的单分子层吸附，其中吸附仅限于单分子层覆盖，所有的表面位点都是相似的，可以容纳一个被吸附的原子，一个分子被吸附在一个特定位点上的能力与其邻近位点的占用无关。在 Langmuir 模型中，饱和容量 q_m 应该是吸附剂表面活性吸附位点被吸附质饱和时的最大吸附量，因此逻辑上它应该与温度无关。然而，在实际条件下，实验已经证明了随着温度的变化 q_m 也会发生变化。非线性 Langmuir 模型拟合曲线的特征是有一个吸附平台，表明达到吸附饱和点，一旦吸附质分子（如磷离子）占据一个吸附位点，就不能再发生吸附。Langmuir 模型的表达式见式（2-7）：

$$q_e = q_m K_L \frac{c_e}{1 + K_L c_e} \tag{2-7}$$

式中　c_e——平衡溶液中的磷浓度，mg/L；
　　　q_e——相应吸附容量，mg/g；
　　　q_m——最大吸附容量，mg/g；
　　　K_L——吸附能，L/mg。

将式（2-7）进行简化可以获得其直线方程式：

$$\frac{c_e}{q_e} = \frac{1}{q_m K_L} + \frac{c_e}{q_m} \tag{2-8}$$

通过 c_e/q_e 对 c_e 作图，进行直线拟合，可以获得方程式中相应的参数 q_m 和 K_L。由于方程式中的参数具有一定的意义，此等温式已被广泛应用在各种溶液吸附系统。

（2）Freundlich 模型[51,52]。Freundlish 吸附等温线模型是建立在实验基础上的等温线模型，该模型认为吸附剂的表面并非是均匀的。Freundlich 模型主要来源于 Langmuir 模型，它基于高能表面非均质性的假设。其表达式见式（2-9）：

$$q_e = K_F c_e^{1/n} \tag{2-9}$$

式中 c_e——平衡溶液中 P 的浓度，mg/L；

q_e——平衡时的吸附量，mg/g；

K_F——常数，吸附容量，mg/g；

n——常数，吸附强度。

指数 n 的大小可以用来表示吸附的有利程度。n 在 2~10 范围内吸附特性一般认为较好，n 在 1~2 范围内吸附较困难，$n<1$ 时吸附特性较差。其直线方程见式（2-10）：

$$\ln q_e = \ln K_F + \frac{1}{n}\ln c_e \qquad (2\text{-}10)$$

（3）Dubinin-Radushkevich 模型[53~57]。Dubinin-Radushkevich 吸附等温线模型可用于描述均匀和非均匀吸附剂表面的吸附作用。其方程式见式（2-11）：

$$q_e = q_s \exp(-K_D \varepsilon^2)$$

$$\varepsilon = RT\ln\left(1 + \frac{1}{c_e}\right) \qquad (2\text{-}11)$$

式中 c_e——平衡浓度，mg/L；

q_e——吸附量，mg/g；

q_s——常数，与吸附量相关；

K_D——常数，吸附总平均自由能，mol^2/kJ^2；

R——气体常数，$R = 8.314 J/(mol \cdot K)$；

T——绝对温度，K。

通过简化式（2-11），可以获得直线公式：

$$\ln q_e = \ln q_s - K_D \varepsilon^2 \qquad (2\text{-}12)$$

通过 $\ln q_e$ 对 ε^2 作图，进行线性拟合，可获得相关的参数。

超过 95% 的液相吸附系统采用上述模型的线性表达式进行拟合。然而，也有人指出，Langmuir 的线性图在低浓度时比其他线性化更敏感。相关系数 R^2 越大，表示对实验数据的拟合越好，通常用来对比和确定等温模型是否适合描述吸附数据。当然，还需参考实验数据和拟合曲线的相关误差（如方差等）大小。为了设计一个理想的吸附体系，通过模型拟合预测吸附数据（如最大吸附量）和量化对比吸附行为对建立一个吸附平衡关系具有重要的意义。

2.1.3 吸附数据的动力学模型拟合

吸附动力学表示为控制吸附质在固-液界面停留时间的速率。间歇反应的动力学通常是通过改变初始浓度、吸附剂剂量和类型、溶液 pH 值和温度等影响吸附动力学的重要因素进行研究的。一般来说，吸附量随时间增加，在初始阶段发生得很快，然后逐渐减缓。为了描述吸附的动力学机理，常用的模型有准（伪）

一级动力学、准（伪）二级动力学和颗粒内扩散模型等[58~62]，其表达式见表2-2。

表2-2 常用动力学模型

动力学模型	方程式		常　　数
	非线性形式	线性形式	
准（伪）一级动力学	$q_t = q_e(1 - e^{k_1 t})$	$\ln(q_e - q_t) = \ln q_e - k_1 t$	k_1——准一级动力学吸附速率常数，$\min^{-1}$；q_e——平衡时间点上的吸附量，mg/g；q_t——一定时间t的吸附量，mg/g；t——吸附时间，h 或 min
准（伪）二级动力学	$q_t = \dfrac{q_e^2 k_2}{1 + q_e k_2} t$	$\dfrac{t}{q_t} = \dfrac{1}{k_2 q_e^2} + \dfrac{t}{q_e}$	k_2——准二级动力学吸附速率常数，g/(mg·min)
颗粒内扩散	$q_t = k_{di} t^{1/2} + c_i$	—	k_{di}——intra-particle diffusion 速率常数，mg/(g·min$^{0.5}$)；c_i——膜厚度，mg/g
Elovich	$q_t = \beta \ln(\alpha\beta t)$	$q_t = \beta \ln(\alpha\beta) + \beta \ln t$	α——初始吸附速率，mg/(g·min)；β——脱附常数，g/mg

2.2　功能化介孔二氧化硅材料

在磷酸盐吸附中应用较为广泛的介孔材料包括：MCM-41（不交叉六边形介孔排列，空间群 P6mm）、MCM-48（立方介孔排列，空间群 $Ia\bar{3}d$）、SBA-15（六边形介孔排列，空间群 P6mm 不交叉）[63~68]。图2-1 所示为上述三种介孔的孔道结构，这些介孔二氧化硅均具有长程有序的二氧化硅骨架，孔径均匀可控。通常，介孔二氧化硅是通过溶胶-凝胶法合成的，这种合成方法分为内模板法和软模板法。使用离子或非离子表面活性剂作为结构导向剂，可在二氧化硅前驱体，如正硅酸四乙酯（TEOS）或正硅酸四甲酯（TMOS）的缩合过程中组装有序介孔复合材料。例如，在 MCM-41 和 MCM-48 的合成中，常用阳离子季铵盐如十六烷基三甲基溴（氯）化铵（CTAB/CTAC）作为表面活性剂；在 SBA-15 的制备中常用三嵌段共聚物 Pluronic P123（EO$_{20}$PO$_{70}$EO$_{20}$）作为表面活性剂。一些文章专门阐述了合成过程中无机物种和表面活性剂在不同介质中的相互作用[69~73]。合成后可通过煅烧或化学萃取除去表面活性剂得到介孔二氧化硅。

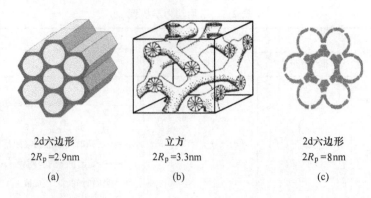

2d六边形
$2R_p$=2.9nm
(a)

立方
$2R_p$=3.3nm
(b)

2d六边形
$2R_p$=8nm
(c)

图2-1　MCM-41（a），MCM-48（b）和SBA-15（c）的孔道结构[74]

迄今为止，虽然MCM-41、MCM-48和SBA-15等有序介孔二氧化硅具有许多吸引人的优点，但是研究发现介孔二氧化硅由于缺少吸附位点而对磷酸盐的吸附容量非常有限[75~78]。例如，Kim等人研究发现，虽然MCM-48和SBA-15的BET比表面积高达965m^2/g和719m^2/g，但是，通过Langmuir模型计算出MCM-48和SBA-15对磷酸盐的最大吸附量仅为0.0011mmol/g和0.00012mmol/g[79]。Hamoudi等人对比了一系列纯介孔二氧化硅，（如SBA-15，MCM-48和MCM-41等）和氨功能化介孔二氧化硅材料（MS-NH_4^+），结果发现，所有纯介孔二氧化硅对磷酸盐去除率都为零，而氨功能化介孔二氧化硅吸附剂MS-NH_4^+对磷酸根的去除率在20.0%~55.9%之间[80]。由此可见，纯介孔二氧化硅自身对磷酸根缺乏特定的吸附位点，但具有足够大的BET比表面积和有序介孔孔道可作为功能化的基体。因此，通过有机官能团自组装法将端接有化学选择性配体的有机硅烷嫁接到介孔硅材料的孔表面，是提高其吸附能力的有效手段[81]。并且，通过精确控制其结构和化学性质，能够显著提高这些有机功能化介孔材料对磷酸盐吸附去除的性能。

虽然已经有大量的研究成功制备了不同官能团功能化的介孔二氧化硅材料，但是到目前为止，研究报道的具有良好除磷性能的改性介孔吸附剂主要为氨基功能化介孔二氧化硅材料。其基本策略是将氨基官能团固定在介孔二氧化硅表面，然后与金属阳离子或质子配位，提供正离子结合位点，进而通过静电相互作用吸附捕获磷酸盐阴离子[82,83]。金属配位或质子化氨基功能化介孔硅材料在除磷领域的研究进展总结见表2-3。

表 2-3 功能化介孔硅材料的合成、结构特征及其除磷性能对比

介孔基体	合成方法	氨基官能团	比表面积 /m²·g⁻¹	孔径 /nm	孔容 /cm³·g⁻¹	氨基含量 /mmol·g⁻¹	Q_{max} /mmol·g⁻¹	热力学	动力学	参考文献
MCM-41	后嫁接 Cu^{2+}/Fe^{3+}配位	单氨基-	169/117	<2	0.83/0.53	3.78①/3.44①	0.46 (25℃)	Langmuir	—	[84]
MCM-41	后嫁接 La^{3+}配位	单氨基-	134	2.61	0.10	3.58①	0.57 (25℃)	Langmuir	准一级动力学	[82]
MCM-41	后嫁接 Fe^{3+}配位	单氨基-	145	2.62	0.11	3.58①	0.55 (25℃)	—	准二级动力学	[85]
SBA-15	共缩合	二胺-	424	5.38	0.79	1.32①	0.15 (35℃)	—	—	[101]
			368	5.26	0.62	2.39①	0.28 (35℃)			
			169	4.33	0.20	2.73①	0.68 (35℃)			
MCM-41	后嫁接/共缩合 Fe^{3+}配位	单氨基-	386/119	2.51/2.14	0.24/0.064	100②/2.14②	1.46/1.32 (20℃)	Langmuir	准二级动力学	[86]
MCM-48	后嫁接③	单氨基-	750	1.2	0.39	1.55①	0.50 (5℃)	Langmuir	准一级动力学/准二级动力学	[83], [87]
MCM-41	后嫁接/共缩合④ 质子化	单氨基-	717/437	2.2/2.9	0.50/0.38	1.6②/1.6②	0.21⑤/0.21⑤	—	—	[77]
MCM-48	后嫁接/共缩合④ 质子化	单氨基-	890/351	1.9/1.3	0.66/0.26	1.6②/1.6②	0.28⑤/0.20⑤	—	—	[77]
SBA-15	后嫁接/共缩合④ 质子化	单氨基-	408/396	5.4/5.4	0.97/0.52	1.6②/1.6②	0.58⑤/0.47⑤	—	—	[77]
MCM-41	后嫁接/共缩合④ 质子化	单氨基-	717/437	22/2.8	0.5/0.38	1.6②/1.6②	—	—	准二级动力学	[80]
MCM-48	后嫁接/共缩合④ 质子化	单氨基-	890/351	1.9/1.3	0.66/0.26	1.6②/1.6②	—	—	准二级动力学	[80]

续表 2-3

介孔基体	合成方法	氨基官能团	比表面积 /m²·g⁻¹	孔径 /nm	孔容 /cm³·g⁻¹	氨基含量 /mmol·g⁻¹	Q_{max} /mmol·g⁻¹	热力学	动力学	参考文献
SBA-15	后嫁接/共缩合[④]、质子化	单氨基	408/396	5.4/5.4	0.97/0.82	1.6[②]/1.6[②]	—	—	准二级动力学	[80]
MS-56	后嫁接/共缩合[④]、质子化	单氨基	570/428	3.7/3.5	0.77/0.34	1.6[②]/1.6[②]	—	—	准二级动力学	[80]
MS-76	后嫁接/共缩合[④]、质子化	单氨基	363/634	1.8/2.0	0.2/0.4	1.6[②]/1.6[②]	—	—	准二级动力学	[80]
SBA-15	后嫁接/共缩合[⑥]、质子化	单氨基	211/119	2.8/2.1	0.37/0.06	100[②]/2.5[②]	1.93/2.26 (20℃)	Langmuir Freundlich	准一级动力学	[78]
SBA-15	后嫁接[③]、质子化	单氨基	491~323	约3.5和6.5	0.80~0.52	0.80~2.56[①]	0.64~1.07	Langmuir	—	[88]
SBA-15	后嫁接[⑥]、质子化	二胺	246~176	约3.5和6.0	0.83~0.43	2.51~3.94[①]	0.86~1.70	Langmuir	—	[88]
SBA-15	后嫁接[⑥]、质子化	三胺	331~177	约3.5和6.0	0.73~0.48	3.34~4.86[①]	1.21~2.46	Langmuir	—	[88]
SBA-15	后嫁接、质子化	单氨基	491~341	3.8和6.5	0.80~0.77	0.8~1.92[①]	0.78[④]	Langmuir	—	[89]
SBA-15	后嫁接、质子化	二胺	377	3.8和5.8	0.83	2.51[①]	0.86	Langmuir	—	[89]
SBA-15	后嫁接、质子化	三胺	331	3.8和5.4	0.73	3.34[①]	1.21	Langmuir	—	[89]

①元素分析；②理论值；③氨基官能团和硅烷基体的摩尔比范围为5%~40%；④氨基官能团和硅烷基体的摩尔比为10%；⑤磷浓度为100mg/L溶液中的平衡吸附量；⑥氨基官能团和硅烷基体的摩尔分数范围为10%~40%。

2.2 功能化介孔二氧化硅材料

一般来说，介孔二氧化硅材料的功能化改性主要有两种方法，后嫁接法和一步共缩合法，其示意图如图2-2所示。在后嫁接过程中（见图2-2（a）），含特定官能团的有机硅烷R-Si(OR')$_3$与介孔二氧化硅表面的Si—OH反应后嫁接到介孔硅表面，反应过程通常在有机溶剂（如甲苯、乙醇）回流条件下进行的。该方法表现出了许多优点，它适用于各种类型的介孔硅材料，并能够保留介孔二氧化硅基材的介孔结构[90]。然而，这种方法也有一些不足之处，比如有机官能团在介孔二氧化硅表面分布的不均匀性和不可控性，特别是有机官能团组分在介孔孔道入口附近聚集可能导致孔道发生堵塞，使有效孔径减小[90,91]。

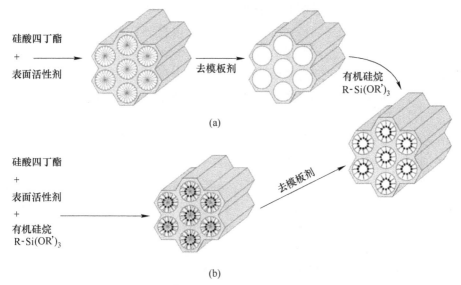

图 2-2 功能化介孔硅材料的合成方法示意图
（a）后嫁接法；（b）一步共缩合法[35]

与后嫁接方法不同，典型的共缩合过程如图2-2（b）所示，也被称为一锅法或一步法。该方法通常将硅酸四丁酯（TEOS）等二氧化硅原料在含表面活性剂的和含特定官能团的有机硅烷组成的混合溶液中水解，进而缩合后获得功能化改性的介孔二氧化硅材料。与后嫁接方法相比，共缩合路线具有引人注目的优点，比如，能够精确控制有机官能团的数量；缩合后能够使有机官能团在二氧化硅表面的分布较为均匀；能够一步合成具有官能团改性的功能化介孔二氧化硅材料；能够缩短合成时间和成本[91~93]。但值得注意的是，如果在合成过程中加入过高比例的含官能团有机硅烷可能会导致共缩合过程中形成部分甚至完全无序的多孔结构[94~96]，从而影响生成的功能化改性介孔二氧化硅材料的吸附能力。研究者发现，添加氟离子或一些长链模板分子可以克服上述孔道有序性降低的问题，如在3-氨基丙基功能化介孔二氧化硅的制备过程中，加入氟离子、长链烷基羧酸或硫酸酯能够通过共缩合法制备官能团密度较高并且高度有序的功能化改性介孔吸附剂[97~100]。

理论上讲，功能化介孔二氧化硅吸附剂表面的官能团活性位点密度越高，对磷酸盐的吸附越有利。因此，在制备过程中，含官能团的有机硅烷的添加量直接影响所制备功能化介孔材料的结构特性。通常，在官能团添加量较低时，改性后的功能化介孔材料能够保持有序的介孔结构，并且孔道内具有活性位点的官能团能够有效发挥作用，吸附容量随着负载量的增加而增加；当官能团添加量增加到一定程度后，孔道的有序性降低，孔道内部的活性位点可能因为孔道入口的堵塞而无法发挥作用，从而导致吸附容量随着官能团负载量的增加而降低。当有机硅烷添加过多时，如果采用后嫁接方法，则可能导致表面覆盖不均匀，甚至氨基官能团堵塞孔口；而如果采用共缩合过程，则可能导致介孔结构的无序，从而影响吸附性能。因此，为了获得最佳吸附容量，往往需要在官能团的负载量、官能团在介孔材料表面分布的均匀性和孔道结构的有序性之间找到一种平衡，即需要找到最佳负载比例。

作者课题组在添加一定量 NH_4F 的条件下，采用共缩合方法合成了具有较高负载量的乙二胺官能化有序介孔吸附剂（Fe^{3+} 配位乙二胺改性 SBA-15），并获得了具有较高除磷吸附容量的新型吸附剂。在合成过程中，调控了含乙二胺的有机硅烷 N-(2-氨基乙基)-3-氨基丙基三甲氧基硅烷（AAPTS）与正硅酸乙酯（TEOS）的摩尔比。结果发现，随着制备过程中 AAPTS/TEOS 摩尔比的增加，所制备的乙二胺功能化介孔吸附剂中氨基的负载量不断增加，并且材料性质和结构性质逐渐发生变化，如图2-3所示。从图2-3（a）中可以看出，随着 AAPTS/TEOS 摩尔比的增大，所制备的样品1~7的 N_2 吸脱附曲线中的毛细管冷凝段的位置向较低的压力值偏移，表明材料中介孔尺寸减小。图2-3（b）中所对应样品的孔径分布图进一步证实了从样品1到样品7，材料中的介孔孔径逐渐减小，说明随着 AAPTS/TEOS 摩尔比的增大，越来越多含官能团有机硅烷占据介孔孔道导致孔径逐渐减小。图2-3（c）显示小角 XRD 图中 SBA-15 母体含有特征峰（100）（110）和（200），表明孔道具有高度有序性。随着 AAPTS 添加量的增加，（100）特征峰的强度逐渐减少，而（110）和（200）的峰强度降低并且消失，说明孔道的有序性逐渐降低。在相同的实验条件下，对比了所制备的样品1~7对废水中磷酸根的吸附容量，结果发现，SBA-15 母体对废水中的磷酸根基本没有吸附，功能化改性 SBA-15 吸附剂的吸附性能随着 AAPTS/TEOS 摩尔比的增加先增强后减弱，当 AAPTS/TEOS 摩尔比为 0.5 时，所制备样品对废水中磷酸根的去除率最高，如图2-3（d）所示。Langmuir 模型计算出磷酸根的最大容量为 0.68mmol/g，高于文献报道的其他 Fe 改性吸附剂[101]。

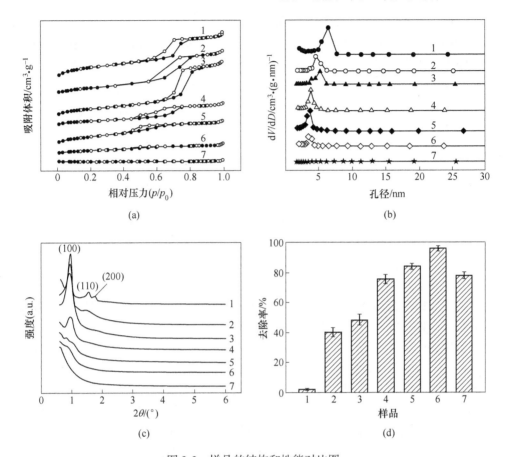

图 2-3 样品的结构和性能对比图

(a) N_2 吸附-脱附热力学；(b) BJH 孔径分布图；(c) 小角 XRD 图；(d) 磷酸根的去除率对比图

1—S15-NN-Fe-0；2—S15-NN-Fe-0.1；3—S15-NN-Fe-0.2；4—S15-NN-Fe-0.3；
5—S15-NN-Fe-0.4；6—S15-NN-Fe-0.5；7—S15-NN-Fe-0.6[101]

2.2.1 金属配位氨基功能化介孔硅材料

目前关于合成金属配位氨基功能化介孔材料用于吸附除磷的研究大多采用后嫁接方法，即以 N-(2-氨基乙基)-3-氨基丙基三甲基硅烷为乙二胺官能团的原料，与 MCM-41 在有机溶剂中回流获得乙二胺（EDA）功能化的介孔吸附剂[82,84,85]，再利用 EDA 的配位作用与不同的金属离子如 Fe^{3+}、Cu^{2+}、La^{3+} 等获得金属配位的氨基功能化介孔材料。金属离子作为活性位点可以捕获磷酸根阴离子，并且能够通过离子交换在碱性溶液将捕获的磷酸根离子脱附，从而实现吸附剂的再生，如图 2-4 所示。需要说明的是，金属离子与乙二胺官能团之间的配位存在一定的限度，溶液中的金属离子并不是都能与乙二胺进行配位。比如将 EDA 功能化的

MCM-41 与含铜离子的水溶液中处理后，所获得的铜配位 EDA 功能化 MCM-41 材料中 Cu-EDA 配合物的化学计量比为 1∶3.4；而铁配位 EDA 功能化介孔二氧化硅中的Fe-EDA配合物的化学计量比为 1∶2.2，可能是 $Fe(EDA)_2X$ 和 $Fe(EDA)_3X$ 配合物的混合物，也就是一个 Fe^{3+} 可能与 2 个或 3 个 EDA 配位[84]。

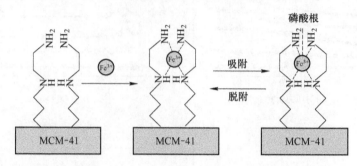

图 2-4　铁配位乙二胺功能化 MCM-41 的吸附-脱附磷酸根示意图

金属配位氨基功能化介孔二氧化硅材料对废水中磷酸根的吸附性能受多种因素的影响，如配位的金属种类、反应时间和温度、初始磷酸盐浓度、离子强度、溶液初始 pH 值及共存的竞争性离子等。例如，Fe^{3+} 配位 EDA 功能化的 MCM-41 比 Cu^{2+} 配位 EDA 功能化的 MCM-41 具有更大的比表面积和孔容，对磷酸盐阴离子的去除效果更好[84]；Fe^{3+} 配位 EDA 功能化 MCM-41 比 La^{3+} 配位 EDA 功能化 MCM-41 的吸附容量更大一些，两者的 Langmuir 模型拟合的最大吸附容量分别为 0.57mmol/g 和 0.55mmol/g[82,85]。随着嫁接反应时间的增加，金属配位 EDA 功能化 MCM-41 吸附剂的吸附容量在前 5min 内显著增加，这是由于配位离子在 MCM-41 中的高度分散及溶液与吸附剂表面之间的浓度梯度所致[85]。5min 后磷酸盐的吸附量增加缓慢，随后达到平衡[82,84,85]。Chouyyok 等人报道了 Fe^{3+} 配位氨基功能化 MCM-41 在 1min 内对磷酸盐的去除率高达 99%，磷含量可以降低到 10μg/L 左右[84]。

Zhang 等人研究了温度和初始浓度对磷酸盐去除率的影响，发现溶液温度越高，初始浓度越大，磷酸盐去除率越低。例如，在 25℃ 的 30mg/L 溶液中，q_e 为 0.57mmol/L，而 45℃ 时 q_e 降为 0.53mmol/L。这是由于磷酸根和活性位点之间的弱配位机制，即随着温度的升高，磷酸盐从吸附剂表面脱附。当初始磷浓度为 100mg/L 时，Fe-EDA 功能化 MCM-41 的最大去除率为 40.7%，比初始磷浓度为 30mg/L 时的去除率低 40%[85]。在离子强度较低（<0.1mol/L）的溶液中，可以达到较大的去除率（>98%）；而在较高的离子强度（>0.1mol/L）下，相同吸附剂的去除率仅为 85%[84]。溶液的 pH 值对金属配位 EDA 功能化 MCM-41 吸附剂的去除率具有显著影响，当 pH 值从 1.0 增加到 6.5 时，去除率增大；但当 pH 值高于 6.5 时，去除率有所下降[82,84,85]。其原因主要是 pH 值在 7.0 以上时，

La^{3+} 或 Fe^{3+} 等金属离子以不溶性 $La(OH)_3$ 或 $Fe(OH)_3$ 的形式存在于溶液中,这些金属离子很难吸附水中的磷酸盐;当 pH 值在 3.0~7.0 之间时,La 或 Fe 离子最可能以 $La(OH)_2^+$ 或 $Fe(OH)_2^+$ 形式存在;同时磷酸盐离子主要以 $H_2PO_4^-$ 的形式存在,如图 2-5 所示,能够按照 1∶1 的化学计量比与 $La(OH)_2^+$ 或 $Fe(OH)_2^+$ 进行配位,从而使得吸附去除率升高。此外,自然水体或废水中共存的阴离子,包括氯离子、硝酸根、硫酸根等会潜在地干扰磷酸根与金属配位 EDA 功能化介孔二氧化硅吸附剂的表面吸附作用,从而影响其对磷酸根的吸附去除性能。常见的共存离子对磷酸根去除的竞争效应大体如下:$SO_4^{2-}>F^->NO_3^-\geqslant Cl^{-[82,84,85]}$,其竞争作用可能跟共存离子的碱性相关。研究发现,金属配位的 EDA 功能化介孔二氧化硅能够更大程度地结合碱强度较高的阴离子[84,102],弱碱阴离子 Cl^- 或 NO_3^- 的存在对磷酸根去除效果影响不大。SO_4^{2-} 对除磷效果影响较大的原因不仅在于其碱性较强,还在于其四面体阴离子的几何形状与金属化 EDA 功能化介孔二氧化硅的三重对称结构相匹配[103]。

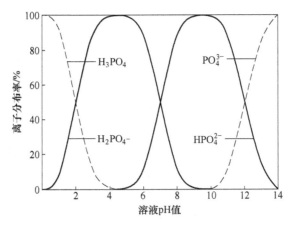

图 2-5 磷酸根在不同 pH 值的溶液中的离子分布率[104]

2.2.2 质子化氨基功能化介孔硅材料

MCM-48、SBA-15 和 MCM-41 等介孔二氧化硅材料可以通过后嫁接或共缩合的方式对单、二和三氨基官能团进行改性,进而将所得氨基官能化介孔二氧化硅浸入酸性介质(如盐酸溶液)中,使得氨基官能团被质子化形成正电性活性位点,如 $-NH_3^+$,$-NH_2^+-$ 等,作为捕获磷酸根阴离子的活性位点,如图 2-6 所示。研究表明,未质子化的氨基官能化介孔材料具有较差的除磷性能,与其母体介孔二氧化硅相似[77]。相比之下,通过质子化氨基官能化的介孔二氧化硅材料具有明显增强的磷酸根离子吸附容量,这主要因为具有正电性的质子化氨基活性位点与负电性的磷酸根之间存在的静电作用。并且,使用后的吸附剂可以用 NaOH 溶液再生,再生后吸附剂的吸附能力基本不受影响,在连续5个循环后吸附量没有明显降低[83,87]。通过比较各种类型的介孔二氧化硅,功能化的 MCM-48 和 SBA-15 显示出更高的磷酸盐去除率,这可能是因为 MCM-41 孔道结构为孤立的圆柱状,而 MCM-48 和 SBA-15 具有高度互连的孔道和微孔孔壁,促进了磷酸根离子在孔道内的传质[77]。

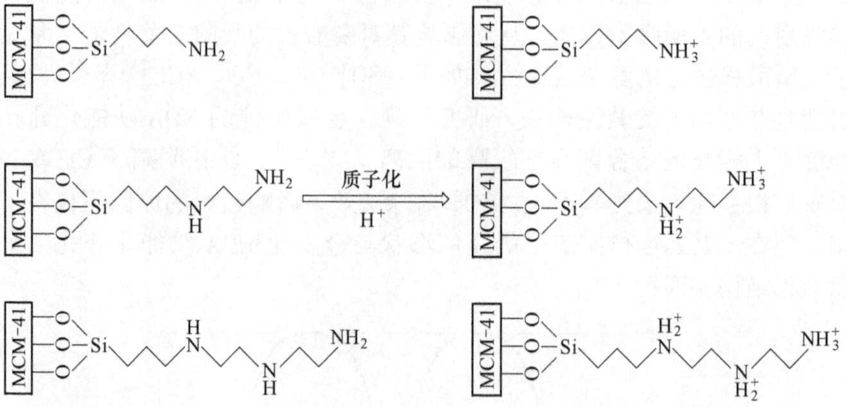

图 2-6 单、二、三氨基功能化 MCM-41 的质子化过程示意图

与后嫁接法制备的氨功能化材料相比,共缩合法制备的氨基功能化介孔材料具有更低的 BET 比表面积、孔容和孔径,其原因可能是有机官能团占据了孔道的内表面,以及共缩合后介孔结构的有序度降低。采用后嫁接法制备的氨基功能化 MCM-41、MCM-48 和 SBA-15 介孔二氧化硅材料相对于共缩合法,能更有效地去除磷酸盐阴离子[77]。例如,在 100mg/L 磷溶液中处理 3h,后嫁接法制备的氨基功能化 SBA-15 对磷酸根的去除率为 55.9%,吸附量为 0.580mmol/g;而相同条件下,共缩合法制备的 SBA-15 的去除率仅为 45.6%,吸附量为 0.480mmol/g。

在 MCM-41、MCM-48 和 SBA-15 系列吸附剂中,有机硅烷的种类和负载量改变了二氧化硅的结构和吸附性能。随着吸附剂中氨基含量的增加,BET 比表面积、孔容和孔径减小。此外,这种减少取决于嫁接配体的大小,使用三氨基硅烷(氮-[3-(三甲氧基硅基)-丙基]二乙烯三胺)的降低幅度最大,而不是单氨基硅烷(3-氨基丙基三乙氧基硅烷)[88,89]。与纯母质 SBA-15(约 6.8nm)的单一且均匀的孔隙率相反,在用较高氨基负载量官能化的吸附剂中观察到双孔分布,其中初级和次级孔径集中在大约 6nm 和 3.5nm。有机部分聚集在中孔的入口附近,从而产生次生孔径。当合成的吸附剂中添加更多的有机硅烷或使用双胺/三胺基硅烷制备的吸附剂中氨基含量较高时,在约 6nm 处二级孔径(3.5nm)相对于一级孔径(6nm)的影响更大[88,89]。

通常，氨基官能团含量越高的介孔吸附剂对磷酸盐的吸附能力越强，因此，可在合成过程中提高氨基功能化有机硅烷的比例或使用含有双或三氨基官能团的有机硅烷增加所合成材料的吸附容量。在单氨基官能团的情况下，当含官能团的有机硅烷/二氧化硅基体的摩尔比从5%提高到40%时，所合成功能化介孔吸附剂的吸附量由0.49mmol/g增加到1.07mmol/g，如图2-7（a）所示。另外，使用不同的有机硅烷可以改变吸附剂的氨基官能化水平。例如，分别以3-氨基丙基三甲氧基硅烷、[1-(2-氨基乙基)-3-氨基丙基] 三甲氧基硅烷和1-[3-(三甲氧基硅烷基)-丙基]-二乙烯三胺为有机硅烷，将单、二和三氨基官能团嫁接到SBA-15基体上，在有机烷氧基硅烷/二氧化硅基体摩尔比相同的情况下，三胺基功能化的SBA-15具有更高的氨基负载量，质子化后具有更多的活性位点，从而能显著提

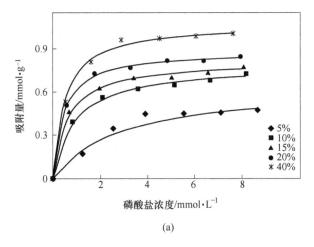

(a)

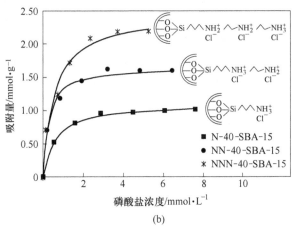

(b)

图2-7 功能化介孔吸附剂的吸附等温线对比图

(a) 氨基功能化SBA-15在室温下对磷的吸附等温线；

(b) 单胺、二胺和三胺功能化SBA-15对磷的吸附等温线[88]

高吸附性能。Hamoudi 等人报道了以有机烷氧基硅烷/二氧化硅的摩尔比为 1∶10 制备的单、二、三氨基功能化 SBA-15，最大吸附容量分别达到 0.72mmol/g、0.82mmol/g 和 1.17mmol/g。当有机烷氧基硅烷/二氧化硅摩尔比为 1∶2.5 时，所得单、二和三氨基功能化的 SBA-15 的最大吸附量分别为 1.07mmol/g、1.70mmol/g 和 2.46mmol/g，如图 2-7（b）所示[88]。

此外，温度、溶液的 pH 值和竞争离子对磷酸盐的吸附也有重要影响。与金属配位氨基功能化改性介孔材料类似，磷酸盐的去除率随着初始浓度和温度的增加而降低。溶液的 pH 值是影响氨基质子化和磷酸根阴离子形成的重要因素，因而影响磷酸根的吸附速率。为了增强磷的吸附性能，氨基官能团需在一定的 pH 值范围内带正电荷，即应小于氨基的 pK_a 值（约 8.0）使其通过质子化形成氨基[88]。反之，当 pH 值大于 pK_a 值时，氨基团去质子化形成游离氨，不能捕获任何阴离子。因此，氨化 MCM-48 对磷酸盐的吸收在 pH 值为 2～5 时呈上升趋势，在 pH 值为 5～8 时呈下降趋势，在 pH 值为 8 时达到平台期。Cl^-、Ca^{2+} 和 Mg^{2+} 的存在不影响吸附剂对磷酸盐的吸附，然而，SO_4^{2-} 存在时，吸附量降低了 43%[87]。

2.2.3 金属负载介孔二氧化硅材料

与未改性介孔二氧化硅相比，金属掺杂介孔二氧化硅能显著提高除磷能力。到目前为止，已经能够成功地将铁、铝、锆、钛、镧等多种金属浸渍到 SBA-15 和 MCM-41 中，形成了性能良好的新型吸附剂，尤其是增强了对磷酸盐的吸附能力，见表 2-4。

通常，金属负载介孔二氧化硅吸附剂可以通过两种途径制备。其中一种是原位法，即在溶胶-凝胶合成硅材料中使用金属氧化物前驱体。最常用的策略是将介孔二氧化硅分散在由金属盐（如金属硝酸盐）组成的溶液中，获得金属浸渍介孔二氧化硅前驱体，然后通过高温煅烧将其转化为金属氧化物[77,107]。金属负载介孔二氧化硅吸附剂对磷酸盐的去除率与掺杂量呈正相关，金属掺杂量越高，吸附性能越好；同时孔径、孔体积和比表面积与掺杂量呈负相关。掺杂的 SBA-15 与未掺杂的 SBA-15 具有相似的结构，在初始磷浓度为 0.32mg/L 的溶液中，当钛/硅摩尔比为 1∶80 时，所制备的钛负载 SBA-15 对磷酸盐的吸附活性很低，去除率小于 5%；当钛/硅的摩尔比提高到 1∶20 时，虽然比表面积、孔径和孔容均有明显的下降，但其吸附容量增加到 0.047mmol/g，并且吸附速率较快，2h 内对磷酸盐的去除率达到 100%。然而，过量的金属负载可能会破坏有序的多孔骨架，导致孔内的吸附位点减少，从而降低吸附容量。Delaney 等人报道，铝/硅比为 0.7 的 SBA-15，其最大吸附量为 0.62mmol/g，而铝/硅比为 0.2 的 SBA-15 的吸附容量为 0.86mmol/g，比前者更高[76]。

表2-4 金属掺杂介孔二氧化硅吸附剂的除磷性能

基体	金属	合成方法	金属/硅[1]	S_{BET}/m²·g⁻¹	D_{BJH}/nm	Q_{max}/mmol·g⁻¹	吸附等温线	动力学模型	参考文献
SBA-15	Al	浸渍法	0.11~0.66	476~328	4.8~4.4	0.86~0.62	Langmuir	准二级动力学	[76]
MCM-41	Al	一步法	0.5	1020	2.2~2.5	2.07	Sips[4]	准二级动力学	[105]
SBA-15	La	乙醇蒸发	0.55:1~0.14:1	227~333	7.6~8.2[3]	0.53~1.36	Langmuir	准二级动力学	[106]
MCM-41	La	乙醇蒸发	0.25:1	—	1.9	0.767	Langmuir	—	[106]
介孔 SiO₂	Zr	原位溶胶-凝胶	1:20~1:80	667~718	4.8~6.4	—	—	—	[75]
介孔 SiO₂	Ti	原位溶胶-凝胶	1:20~1:80	610~683	4.2~6.3	—	—	—	[75]
介孔 SiO₂	Fe	原位溶胶-凝胶	1:20~1:80	630~717	4.4~6.3	—	—	—	[75]
介孔 SiO₂	Al	原位溶胶-凝胶	1:20~1:80	612~730	5.0~6.1	—	—	—	[75]
MCM-41	La	原位溶胶-凝胶	1:100~1:25	914~763	3.1~3.6	0.23~0.28[2]	Langmuir Freundlich	准二级动力学	[107]
MCM-41	La	原位溶胶-凝胶	0.2:1~0.03:1	244~714	0.79~0.61	0.75	Langmuir	—	[108]
MCM-41	Sm	一步溶胶-凝胶	0.2:1~0.8:1	390~502	2.2~2.5	0.65	Langmuir	准二级动力学	[109]

①金属/硅指金属/硅的摩尔比;②金属:硅=1:25;③使用密度泛函理论(DFT)方法计算孔径;④Sips模型是一个修正的Langmuir模型。

制备金属负载介孔二氧化硅吸附剂的另一种方法是一锅法[105,109]。Li等人利用粉煤灰一锅法制备了含铝有序介孔二氧化硅MCM-41，其主要成分为SiO_2（质量分数16%~20%）和Al_2O_3（质量分数60%~70%）[105]。与第一种方法不同，这里的硅源和铝源都是从粉煤灰中提取所得，并同时用于一锅法合成含铝有序介孔二氧化硅MCM-41。合成的吸附剂具有高度有序的二维六方介孔结构，其BET比表面积高达$1020m^2/g$，孔容为$0.98cm^3/g$，而铝/硅摩尔比为50%。铝元素镶嵌在MCM-41的骨架中，使得铝和硅均匀地分散在MCM-41的介孔结构中。其中，铝作为磷酸盐的吸附位点，能够极大提高其吸附容量。在298K下，当初始磷酸根溶度为100mg/L时，所制备的铝负载介孔吸附剂在25min左右就达到吸附平衡，平衡吸附量可达2.07mmol/g。

研究发现，稀土元素镧负载的介孔二氧化硅对磷酸根的吸附能力强于过渡金属负载的介孔二氧化硅[106~108,110]，使得镧在无机磷的去除中备受关注。与纯介孔二氧化硅基体相比，镧负载介孔吸附剂的吸附容量显著提高，甚至大于文献报道的质子化或金属配位介孔二氧化硅吸附剂。例如，采用原位溶胶-凝胶法制备镧掺杂MCM-41，其中镧/硅摩尔比为0.10，吸附反应2h内，磷去除率逐渐增加到100%，并在3h内达到平衡，而未掺杂的MCM-41仅有约4%的去除率，即使将接触时间延长至12h，其去除率也几乎没有增加[108]。

吸附剂的孔径在磷酸根吸附中起重要作用，大孔掺镧SBA-15有利于磷在孔道内的快速吸附。磷和镧之间的化学反应导致磷酸镧在通道内的异相成核，进而在介孔孔道内形成磷酸镧多晶纳米棒，如图2-8所示。然而，当介孔孔径较小时，所形成的棒状磷酸镧主要生长在介孔吸附剂的外部，从而降低了吸附容量，其原因主要是在较小孔径的介孔孔道，如MCM-41孔道磷酸镧的成核和生长具有热力学不稳定性。在实际应用中，这种情况将增加吸附后污泥处理的负担，如图2-8（c）所示[106]。当$La(NO_3)_3 \cdot 6H_2O$与介孔二氧化硅材料的质量比为40时，以SBA-15为基体制备的$La_{40}SBA-15$对磷的吸附量为0.76mmol/g，而相同条件下，以MCM-41为基体制备的$La_{40}MCM-41$对磷的吸附量为0.54mmol/g[106]。可见，当介孔基体具有较大孔径时所制备的金属负载介孔材料具有更大的吸附容量。为了优化磷酸根的吸附性能，作者开发了镧负载的花状介孔二氧化硅吸附剂，该材料具有由内而外孔径逐渐增加的独特介孔孔道，如图2-8（d）所示[111]。研究发现，由于吸附过程中磷酸盐和内部通道上的镧活性位点之间的化学反应，所形成的棒状磷酸镧晶体是从球体的内部介孔中生长出来的。由于其独特的介孔孔道结构，花状微球表面较宽处介孔孔径可达20~30nm，所形成的$LaPO_4$纳米棒不存在堵塞孔道等问题，从而保证了其较高的除磷吸附量。当镧/硅摩尔比为0.1时，所制备的吸附剂FMS-0.1La的最大吸附量可达1.37mmol/g。值得一提的是，当以磷/镧摩尔比作为考察镧的使用效率参数时，所制备的吸附剂FMS-0.1La具有更强的镧利用效率。

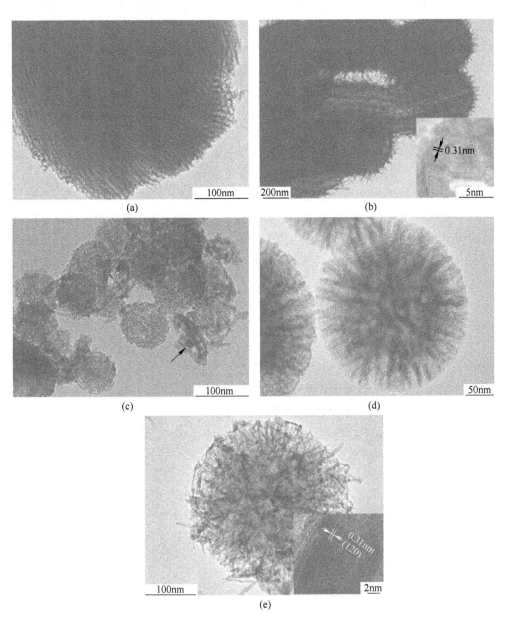

图 2-8 介孔吸附剂的透射电镜图

(a)(b) 镧负载介孔材料 $La_{100}SBA-15$ 吸附磷前后的典型形貌对比((b) 中插图是针状磷酸镧晶体的高分辨率透射电镜图像);(c) 磷吸附 24h 后的 $La_{40}MCM-41$ 的形貌(箭头所指的为生长在外部的磷酸镧棒状晶体);(d)(e) 镧负载花状介孔二氧化硅微球 FMS-0.1La 吸附磷前后的形貌对比((e) 中插图为磷酸镧棒状晶体的高分辨率透射电镜图)[106,111]

此外，硅/镧摩尔比、吸附剂用量、接触时间、初始磷酸根离子浓度、pH值、温度及共存离子等对磷吸附都有显著影响。例如，Ou等人报道了镧掺杂介孔材料$La_xMCM-41$（x为硅/镧摩尔比）的磷酸根吸附容量随着镧含量的增加而增加。在吸附进行3h后，镧负载量高的吸附剂$La_5MCM-41$可以去除100%的磷酸根，而较低镧负载量的吸附剂$La_{30}MCM-41$只能去除约50%的磷酸根[108]。吸附平衡时间随吸附剂加入量的变化而变化，一般来说，吸附剂用量越大，吸附效率越高，吸附时间越短。在较高的pH值下，磷酸根的去除速度较慢，这是因为较高的pH值会导致吸附剂表面带有更多的负电荷，从而更明显地排斥溶液中的磷酸根负离子[108]。Zhang等人提出，镧掺杂的MCM-41更适合在pH值为4.0~8.0范围内吸附磷酸根，且较低的温度有利于吸附能力的提高。此外，由于共存阴离子和磷酸根在吸附位点上存在一定的竞争，大部分阴离子的加入会降低磷酸根的吸附能力，研究发现，共存阴离子对磷酸根的抑制作用顺序为：$CO_3^{2-}>Cl^->F^->NO_3^->SO_4^{2-}$。其中，$CO_3^{2-}$阴离子对磷酸根离子吸附容量的影响最大，原因是$La_2(CO_3)_3$的$K_{sp}$（$3.98\times10^{-34}$）相对更小[106]。

吸附剂的再生能力是衡量吸附剂实际应用的重要指标之一。金属负载的介孔二氧化硅吸附剂在吸附饱和后可使用硝酸浸泡再生，进而重复使用[108]。然而，多次使用后的金属负载介孔吸附剂对磷酸根的吸附去除率将降低至初始的75%左右[108]。此外，尽管上述金属掺杂的介孔二氧化硅具有较强的磷酸盐吸附能力，但在吸附过程中会有金属元素浸出，这也是其吸附量降低的原因之一。例如，当pH=5时，使用硅/镧摩尔比为10的镧负载介孔二氧化硅吸附剂对废水中的磷酸根进行吸附后，溶液中残余镧的浓度为0.18mg/L，而在pH=8时，为0.12mg/L[108]。Tang等人将ZrO_2共价嫁接到介孔二氧化硅上可以限制金属负载介孔二氧化硅中金属元素的浸出。这种策略不仅在分子水平上分散了金属氧化物的功能，还增强了吸附位点的表面暴露，从而获得良好的磷酸根吸附能力[112]。此外，磁性Fe_3O_4纳米颗粒掺入ZrO_2功能化介孔二氧化硅中可赋予材料磁性，增强在外磁场下吸附剂的磁分离和可回收性能[113]。

2.3 功能化分级多孔二氧化硅吸附剂

在有机官能团嫁接和金属元素负载过程中，介孔尺寸和表面积的减小限制了污染物在受限通道的扩散能力，进而限制了其吸附性能[101]。因为大孔可以作为介孔孔道表面活性位点的快速输运通道[114]，将大孔（孔径大于50nm）引入介孔材料可以促进污染物在有限孔道内的传质。作者课题组首次以双模板法，即以聚苯乙烯珠（PS）为大孔硬模板剂，以表面活性剂P123为介孔软模板剂合成了金属配位的乙二胺官能化大孔-介孔分级结构吸附剂，该吸附剂具有明确的相互连通的大孔和中孔网络结构，如图2-9所示。静态吸附除磷实验结果表明，该功能化大孔-介孔分级结构吸附剂对废水中的无机磷具有更强的吸附容量[115,116]。其中，Fe(Ⅲ) 配位氨基官能团化大孔-介孔分级结构吸附剂（SBA-NN-Fe-8.6）对磷酸根的最大吸附量为 0.41mmol/g，比 Fe(Ⅲ) 配位氨基官能团化介孔 SBA-15（SBA-NN-Fe-0）高 86.8%[116]。吸附动力学研究发现，SBA-NN-Fe-8.6 吸附剂在吸附反应 1min 内能够去除 92.5% 的磷酸根，可见，这种大孔-介孔分级结构的构建能够提升吸附容量和吸附速率。

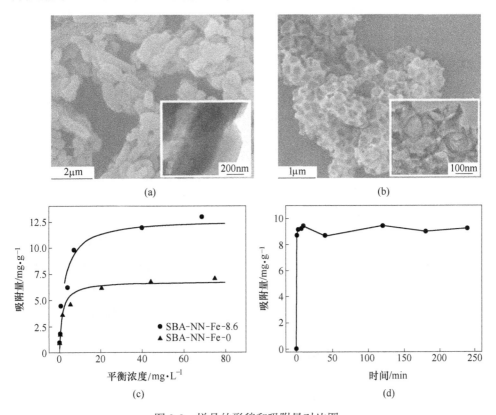

图 2-9　样品的形貌和吸附量对比图

(a) SBA-NN-Fe-0 的扫描电镜图；(b) (c) 两种样品的 Langmuir 吸附等温线；
(d) SBA-NN-Fe-8.6 的吸附量随时间的变化图[116]

作者课题组以 PS 微球和 CTAB 为双模板剂，合成了镧负载空心介孔二氧化硅吸附剂，并研究了其高效吸附除磷性能，如图 2-10 所示[117]。结果发现，最优化镧的负载量为 22.44%（质量分数），其 Langmuir 拟合的最大磷吸附容量为 1.54mmol/g，优于文献报道的其他镧改性介孔吸附剂。动力学研究发现，当溶液中初始磷浓度为 2mg/L 时，这种空心介孔吸附剂具有非常快的吸附速率，在 15min 内即能达到吸附平衡且磷酸盐去除率高达 99.71%。

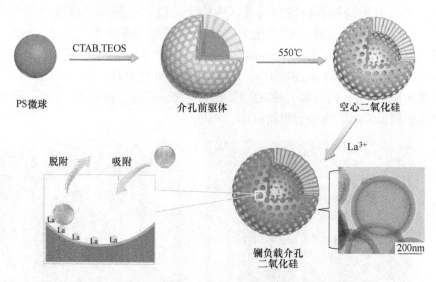

图 2-10 镧负载空心介孔二氧化硅微球的形成及其吸附磷酸根示意图[117]

2.4 介孔金属氧化物和金属硫酸盐

多种金属氧化物，如 Al_2O_3、MgO、ZrO_2、CeO_2-TiO_2 混合氧化物、Ce-Zr 二元氧化物等，当它们具有介孔结构时，对废水中的磷酸根离子具有良好的吸附性能[117~121]。当使用嵌段聚合物 P123 作为结构导向剂时，所制备的介孔 ZrO_2 的 BET 比表面积可高达 $232m^2/g$，孔径约为 3.9nm，而不具有介孔结构的商业 ZrO_2 粉体的 BET 比表面积仅为 $9m^2/g$，如图 2-11（a）和（b）所示。在相同实验条件下，介孔 ZrO_2 在 5h 后可去除溶液中 54.4% 的磷酸根，而商业 ZrO_2 即使在处理 24h 后，溶液中磷酸根离子的去除率仍低于 7.1%[118]，如图 2-11（c）所示。可见，介孔结构 ZrO_2 对磷酸根的去除率优于商业 ZrO_2，根据 Langmuir 方程拟合的介孔 ZrO_2 的最大吸附容量为 0.96mmol/g。此外，介孔 ZrO_2 对酸、碱、氧化剂和还原剂等化学物质有高耐侵蚀性，作为废水除磷吸附剂具有很大的应用潜力。在 0.1mol/L NaOH 溶液和 0.01mol/L KCl 混合溶液中，脱附 24h 后仅约 60% 的磷酸根离子被回收；而在纯 0.01mol/L KCl 溶液中，只有 0.13% 的磷酸根离子被脱附出来，这意味着介孔 ZrO_2 和 PO_4^{3-} 之间可能存在很强的结合[118]，导致介孔 ZrO_2 中 PO_4^{3-} 的脱附相对困难，在一定程度上限制了其实际应用。

为了设计出具有优异除磷性能的多孔材料，可通过调整材料的粒径和形貌、孔结构和孔尺寸等因素，尤其是通过在吸附剂中构建多级孔结构能够将不同孔结构的优点结合起来，从而提高吸附效率。例如，以聚 4-苯乙烯磺酸钠为结构导向剂，以 $MgCl_2$ 为镁源，采用简单的沉淀煅烧法获得大孔-介孔分级结构 MgO 微

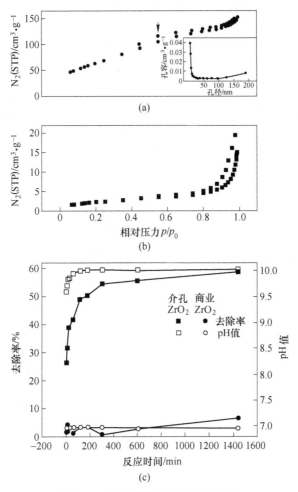

图 2-11 样品的结构和性能对比图

(a) 介孔 ZrO_2 的 N_2 吸附-脱附等温线；(b) 普通 ZrO_2 的 N_2 吸附-脱附等温线；

(c) 去除率和平衡 pH 值随时间变化图[118]

球[119]。合成的 MgO 微球具有独特的分级结构，其孔径分布呈多峰性，包括小介孔（2~5nm）、大介孔（10~50nm）和大孔（50~250nm）。形貌研究表明，这些 MgO 微球由纳米片构成，在堆叠的纳米片之间形成了具有不同孔径的小介孔和大介孔孔隙，其比表面积为 72.1m²/g，相应的总孔体积为 0.31cm³/g。该分级多孔 MgO 微球具有较高的磷酸根去除能力，Langmuir 模型拟合的最大磷酸根吸附量为 0.79mmol/g，而无孔 MgO 颗粒的 Langmuir 最大吸附容量仅为 0.033mmol/g，其吸附机理主要是磷酸根离子和 MgO 之间的强静电引力。此外，吸附动力学符合伪二级动力学和颗粒内扩散模型[119]。

近年来,磁性介孔材料因其不仅能够提供可功能化的较大比表面且具有磁响应性等优点,引起了人们的极大兴趣[122,123]。与压滤、常规离心和重力分离相比,磁分离所需的能耗更小,有利于更快的分离或循环利用。Sarkar 等人利用表面活性剂 CTAB,通过软模板法制备了一种新的纳米核壳结构磁性材料 Fe_3O_4@$mZrO_2$,该材料由磁铁矿(Fe_3O_4)内核和介孔 ZrO_2 壳层组成,如图 2-12 所示[122]。Fe_3O_4@$mZrO_2$ 中的介孔 ZrO_2 壳层具有优异的磷酸根吸附能力,而 Fe_3O_4 磁性内核可实现吸附剂的简单和快速的磁分离。吸附除磷实验结果发现,这些磁性核壳粒子对磷酸根的 Langmuir 拟合的最大吸附量为 1.26mmol/g[122]。在解吸过程中,当溶液的碱度大于 0.01 时,约87%磷酸根离子能够从吸附后的吸附剂中脱附出来,4 次循环后,Fe_3O_4@$mZrO_2$ 复合材料仍然可保持超过80%的吸附容量和约80%的磷酸根回收率,表明该材料是废水除磷的潜在候选材料。

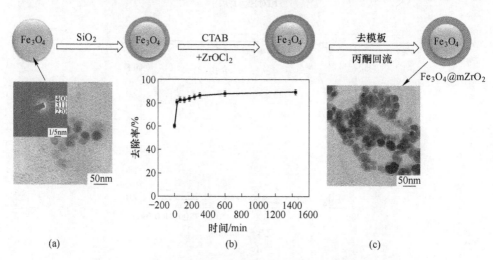

图 2-12 Fe_3O_4@$mZrO_2$ 核壳结构介孔材料的合成路线示意图
(a) Fe_3O_4 颗粒的透射电镜图(插图为选区电子衍射图);
(b) 初始磷酸根浓度为 124mg/L 时,去除率随时间的变化图;
(c) Fe_3O_4@$mZrO_2$ 核壳结构材料的透射电镜图[122]

对于多孔金属氧化物,其对磷酸根的吸附量随着 pH 值的降低而增加。例如,在 0.001mol/L KNO_3 溶液中,以介孔 ZrO_2 为吸附剂,磷酸根的去除率随 pH 值的降低而稳步增加。当 pH 值为 10.18 和 2.82 时,吸附剂对磷酸根的吸附容量分别为 0.38mmol/g 和 0.75mmol/g[118]。以磁铁矿(Fe_3O_4)为内核和介孔 ZrO_2 为壳层组成的核壳结构吸附剂 Fe_3O_4@$mZrO_2$,当 pH 值为 11 和 3.5 时,其对磷酸根离子的吸附容量分别为 1.22mmol/g 和 1.24mmol/g[122]。这可以解释为:当 pH 值低于等电点时,金属氧化物 ZrO_2 表面的羟基被质子化呈正电性,促进了带负电荷的磷酸根离子通过静电引力吸附到其表面,相关方程式见式 (2-11)。

$$Zr-OH + H^+ \longrightarrow Zr-OH_2^+$$

$$Zr-OH_2^+ + H_2PO_4^- \longrightarrow (Zr-OH_2)^+(H_2PO_4)^-$$

$$2Zr-OH_2^+ + HPO_4^{2-} \longrightarrow (Zr-OH_2)_2^{2+}(HPO_4)^{2-}$$

反之,当 pH 值较高时,表面羟基被去质子化,从而使金属氧化物表面带负电。由于同性离子排斥或静电排斥的存在,使得磷酸根负离子在相对高的 pH 值下,不能被吸附到带负电荷的金属氧化物表面,甚至导致磷酸盐从金属氧化物中解吸,从而降低磷酸根的去除效率。因此,金属氧化物通常需要在酸性条件下使用,以提高吸附剂对磷酸根的去除效率[9,11,14,118,124~126]。

相比之下,具有介孔结构的硫酸锆对无机磷污染物具有较高的吸附能力,并且不受溶液 pH 值的限制[127~130]。以 CTAB 为模板,四水合硫酸锆作原料,在 100℃加热溶液就可以制备出介孔硫酸锆[129,131~133],该介孔结构的硫酸锆对磷酸根离子的吸附能力比商业阴离子交换树脂高 2~3 倍[128]。Lee 等人通过水热反应合成了具有六方介孔结构的硫酸锆,由于 PO_4^{3-} 和吸附剂中的 SO_4^{2-} 之间存在离子交换,硫酸锆对磷具有较高的吸附容量,可达 3.4mmol/g[134]。

虽然介孔结构可以提高吸附能力,但粉末形式的吸附剂很难利用,这是由于床层填料操作中的自由流动性减少,以及固体填料造成的操作压力增加[131]。因此,为了适应实际应用中的要求并降低成本,Yeon 等人将不同负载量(30%~60%)的介孔硫酸锆包埋在海藻酸钙中,形成用于实际磷酸根吸附的珠粒[131],其最大吸附容量随着藻酸盐中硫酸锆含量的增加而增加。其中,含 60%介孔硫酸锆的 1mm 小球表现出最佳的磷酸盐吸附性能,其对磷酸根离子的吸附容量为 2.193mmol/g。最重要的是,与金属氧化物吸附剂不同,介孔硫酸锆-海藻酸盐珠对磷酸盐的吸附不受 pH 值(2~11)影响。吸附在废珠子上的磷酸根通过化学再生(如 NaCl、NaOH 和 Na_2SO_4 溶液)或电化学再生能够被有效地解吸,表明其具有优异的磷酸根处理工艺性能。

可见,介孔二氧化硅基体具有吸引人的高比表面积和均匀的孔结构的结构性能,但它们对磷酸根的吸附量很小。有机功能化的金属配位或质子化及介孔二氧化硅材料的金属掺杂引入活性位点捕获磷酸根离子,从而显著提高功能化介孔材料对磷酸根的去除率。特别是与质子化或金属配位有机功能化的介孔硅相比,金属掺杂介孔硅显示出更强的磷酸根吸附能力。介孔金属氧化物在处理废水中污染物时表现出良好的耐化学性,并且对磷酸根阴离子具有较好的去除能力。在金属氧化物中构建分级多孔结构能够增强污染物在吸附剂中的传质,从而提高了吸附剂的效率,这一策略也可用于改善其他类型材料制备的吸附剂的吸附性能。溶液 pH 值、初始浓度、温度、接触时间、共存离子等因素对优化吸附性能具有重要意义。

参 考 文 献

[1] Sellner K G, Doucette G J, Kirkpatrick G J. Harmful algal blooms: Causes, impacts and detection [J]. J. Ind. Microbiol. Biotechnol., 2003, 30 (7): 383~406.

[2] Seo Y I, Hong K Ho, Kim S H, et al. Phosphorus removal from wastewater by ionic exchange using a surface-modified Al alloy filter [J]. J. Ind. Eng. Chem., 2013, 19 (3): 744~747.

[3] Morse G K, Brett S W, Guy J A, et al. Review: Phosphorus removal and recovery technologies [J]. Sci. Total Environ, 1998, 212 (1): 69~81.

[4] Rodrigues L A, Silva M L C P D. An investigation of phosphate adsorption from aqueous solution onto hydrous niobium oxide prepared by co-precipitation method [J]. Colloids Surf., A., 2009, 334 (1~3): 191~196.

[5] Hongshao Z, Stanforth R. Competitive adsorption of phosphate and arsenate on goethite [J]. Environ. Sci. Technol., 2001, 35 (24): 4753~4757.

[6] Gan F, Zhou J, Wang H Y, et al. Removal of phosphate from aqueous solution by thermally treated natural palygorskite [J]. Water Res., 2009, 43 (11): 2907~2915.

[7] Li H, Ru J Y, Yin W, et al. Removal of phosphate from polluted water by lanthanum doped vesuvianite [J]. J. Hazard. Mater., 2009, 168 (1): 326~330.

[8] Papadopoulos P, Dimirkou A, Ioannou A. Kinetics of phosphorus sorption by goethite and kaolinite-goethite (k-g) system [J]. Commun. Soil Sci. Plan., 1998, 29 (11~14): 2191~2206.

[9] Das J, Patra B S, Baliarsingh N, et al. Adsorption of phosphate by layered double hydroxides in aqueous solutions [J]. Appl. Clay. Sci., 2006, 32 (3~4): 252~260.

[10] Karageorgiou K, Paschalis M, Anastassakis G N. Removal of phosphate species from solution by adsorption onto calcite used as natural adsorbent [J]. J. Hazard. Mater., 2007, 139 (3): 447~452.

[11] Ning P, Bart H J, Li B, et al. Phosphate removal from wastewater by model-La (Ⅲ) zeolite adsorbents [J]. J. Environ. Sci- China., 2008, 20 (6): 670~674.

[12] Onyango M S, Kuchar D, Kubota M, et al. Adsorptive removal of phosphate ions from aqueous solution using synthetic zeolite [J]. Ind. Eng. Chem. Res., 2007, 46 (3): 894~900.

[13] Pradhan J, Das J, Das S, et al. Adsorption of phosphate from aqueous solution using activated red mud [J]. J. Colloid Interface Sci., 1998, 204 (1): 169~172.

[14] Huang W W, Wang S B, Zhu Z H, et al. Phosphate removal from wastewater using red mud [J]. J. Hazard. Mater., 2008, 158 (1): 35~42.

[15] Ugurlu A, Salman B. Phosphorus removal by fly ash [J]. Environ. Int., 1998, 24(8): 911~918.

[16] Pengthamkeerati P, Satapanajaru T, Chularuengoaksorn P. Chemical modification of coal fly ash for the removal of phosphate from aqueous solution [J]. Fuel., 2008, 87 (12): 2469~2476.

[17] Kostura B, Kulveitova H, Lesko J. Blast furnace slags as sorbents of phosphate from water solutions [J]. Water Res., 2005, 39 (9): 1795. 2.

[18] Liao X P, Ding Y, Wang B, et al. Adsorption behavior of phosphate on metal-ions-loaded collagen fiber [J]. Ind. Eng. Chem. Res. 2006, 45 (11): 3896~3901.

[19] Biswas B K, Inoue K, Ghimire K N, et al. Removal and recovery of phosphorus from water by means of adsorption onto orange waste gel loaded with zirconium [J]. Bioresour. Technol., 2008, 99 (18): 8685~8690.

[20] Gabaldon J, Bore M, Datye A. Mesoporous silica supports for improved thermal stability in supported Au catalysts [J]. Top. Catal., 2007, 44 (1~2): 253~262.

[21] Yamaguchi A, Teramae N. Fabrication and analytical applications of hybrid mesoporous membranes [J]. Anal. Sci., 2008, 24 (1): 25~30.

[22] Melde B J, Johnson B J, Charles P T. Mesoporous silicate materials in sensing [J]. Sensors, 2008, 8 (8): 5202~5228.

[23] Slowing I I, Trewyn B G, Giri S, et al. Mesoporous silica nanoparticles for drug delivery and biosensing applications [J]. Adv. Funct. Mater., 2007, 17 (8): 1225~1236.

[24] Regi M V, Colilla M, Barba I I. Bioactive mesoporous silicas as controlled delivery systems: Application in bone tissue regeneration [J]. J. Biomed. Nanotechnol., 2008, 4 (1): 1~15.

[25] Liu A M, Hidajat K, Kawi S, et al. A new class of hybrid mesoporous materials with functionalized organic monolayers for selective adsorption of heavy metal ions [J]. Chem. Commun, 2000 (13): 1145~1146.

[26] Yang H, Xu R, Xue X M, et al. Hybrid surfactant-templated mesoporous silica formed in ethanol and its application for heavy metal removal [J]. J. Hazard. Mater., 2008, 152(2): 690~698.

[27] Kresge C T, Leonowicz M E, Roth W J, et al. Ordered mesoporousmolecular sieves synthesized by a liquid-crystal template mechanism [J]. Nature., 1992, 359(6397): 710~712.

[28] Wu Z, Zhao D. Ordered mesoporous materials as adsorbents [J]. Chem. Commun., 2011, 47 (12): 3332~3338.

[29] Bibby A, Mercier L. Mercury (II) ion adsorption behavior in thiol-functionalized mesoporous silica microspheres [J]. Chem. Mater., 2002, 14 (4): 1591~1597.

[30] Yoshitake H, Yokoi T, Tatsumi T. Adsorption behavior of arsenate at transition metal cations captured by amino-functionalized mesoporous silicas [J]. Chem., Mater., 2003, 15 (8): 1713~1721.

[31] Ho K Y, Kay G M, Yeung K L. Selective adsorbents from ordered mesoporous silica [J]. Langmuir., 2003, 19 (7): 3019~3024.

[32] Yokoi T, Tatsumi T, Yoshitake H. Fe^{3+} coordinated to amino-functionalized MCM-41: An adsorbent for the toxic oxyanions with high capacity, resistibility to inhibiting anions, and reusability after a simple treatment [J]. J. Colloid Interface Sci., 2004, 274 (2): 451~457.

[33] Yan Z, Tao S Y, Yin J X, et al. Mesoporous silicas functionalized with a high density of carboxylate groups as efficient absorbents for the removal of basic dyestuffs [J]. J. Mater. Chem., 2006, 16 (24): 2347~2353.

[34] Yokoi T, Kubota Y, Tatsumi T. Amino-functionalized mesoporous silica as base catalyst and adsorbent [J]. Appl. Catal. A., 2012, 421: 14~37.

[35] Fryxell G, Cao G. Environmental applications of nanomaterials [M]. 2nd edition. London: Imperial College Press, 2012: 287~325.

[36] Walcarius A, Mercier L. Mesoporous organosilica adsorbents: nanoengineered materials for removal of organic and inorganic pollutants [J]. J. Mater. Chem., 2010, 20 (22): 4478~4511.

[37] Meng Q, Doetschman D C, Rizos A K, et al. Adsorption of organophosphates into microporous and mesoporous nax zeolites and subsequent [J]. Chemistry. Environ. Sci. Technol., 2011, 45 (7): 3000~3005.

[38] Pan C S, Ye M L, Liu Y G, et al. Enrichment of phosphopeptides by Fe^{3+}-immobilized mesoporous nanoparticles of MCM-41 for MALDI and nano-LC-MS/MS analysis [J]. J. Proteome Res., 2006, 5 (11): 3114~3124.

[39] Ghiaci M, Abbaspur A, Kia R, et al. Equilibrium isotherm studies for the sorption of benzene, toluene, and phenol onto organo-zeolites and as-synthesized MCM-41 [J]. Sep. Purif. Technol., 2004, 40 (3): 217~229.

[40] Hamoudi S, Saad R, Belkacemi K. Modeling breakthrough curves for adsorption of monobasic phosphate using ammonium-functionalized MCM-48 [J]. Sep. Sci. Technol., 2013, 48 (14): 2099~2107.

[41] Norde W. Adsorption of proteins from solution at the solid-liquid interface [J]. Adv. Colloid Interface Sci., 1986, 25: 267~340.

[42] Khaiary M I E. Least-squares regression of adsorption equilibrium data: Comparing the options [J]. J. Hazard. Mater., 2008, 158 (1): 73~87.

[43] Langmuir I. The constitution and fundamental properties of solids and liquids [J]. J. Am. Chem. Soc., 1916, 38: 2221~2295.

[44] Freundlich H M F. Over the adsorption in solution [J]. J. Phys. Chem., 1906, 57: 385~471.

[45] Tempkin M I, Pyzhev V. Kinetics of ammonia synthesis on promoted iron catalyst [J]. Acta Physica. Chimica Sinica, 1940, 12: 327~356.

[46] Dubinin M M. The equation of the characteristic curve of the activated charcoal [J]. Proc. Acad. Sci. USSR Phys. Chem. Sect., 1947, 55: 331~337.

[47] Redlich O, Peterson D L. A useful adsorption isotherm [J]. J. Phys. Chem., 1959, 63: 1024~1026.

[48] Langmuir I. The adsorption of gases on plane surfaces of glass, mica, and platinum [J]. J. Am. Chem. Soc. 1918, 40: 1361~1403.

[49] Zhao G, Wu X L, Tan X L, et al. Sorption of heavy metal ions from aqueous solutions: A

review [J]. The Open Colloid Science Journal. , 2011, 4: 19~31.

[50] Allen S J, McKay G, Porter J F. Adsorption isotherm models for basic dye adsorption by peat in single and binary component systems [J]. J. Colloid Interface Sci. , 2004, 280 (2): 322~333.

[51] Hinz C. Description of sorption data with isotherm equations [J]. Geoderma. , 2001, 99 (3~4): 225~243.

[52] Hadi M, Samarghandi M R, McKay G. Equilibrium two-parameter isotherms of acid dyes sorption by activated carbons: Study of residual errors [J]. Chem. Eng. J. , 2010, 160 (2): 408~416.

[53] Gimbert F, Crini N M, Renault F, et al. Adsorption isotherm models for dye removal by cationized starch-based material in a single component system: Error analysis [J]. J. Hazard. Mater. , 2008, 157 (1): 34~46.

[54] Kinniburgh D G. General purpose adsorption isotherms [J]. Environ. Sci. Technol. , 1986, 20 (9): 895~904.

[55] Sposito G. The Surface Chemistry of Soils [M]. New York: Oxford University Press, 1984.

[56] Foo K Y, Hameed B H. Insights into the modeling of adsorption isotherm systems [J]. Chem. Eng. J. , 2010, 156 (1): 2~10.

[57] Veith J A, Sposito G. Use of langmuir equation in interpretation of adsorption phenomena [J]. Soil Sci. Soc. Am. J. , 1977, 41 (4): 697~702.

[58] Cheung C W, Porter J F, McKay G. Sorption kinetic analysis for the removal of cadmium ions from effluents using bone char [J]. Water Res. , 2001, 35 (3): 605~612.

[59] Ho Y S, McKay G. Pseudo-second order model for sorption processes [J]. Process Biochem. , 1999, 34: 451~465.

[60] Ho Y S. Review of second-order models for adsorption systems [J]. J. Hazard. Mater. , 2006, 136 (3): 681~689.

[61] Weber T W, Chakravorti R K. Pore and solid diffusion models for fixed-bed adsorbers [J]. AIChE. J. , 1974, 20 (2): 228~238.

[62] Sparks D L. Kinetics of reaction in pure and mixed systems [J]. Soil Physical Chemistry. , 1986.

[63] Ho Y S, McKay G. A comparison of chemisorption kinetic models applied to pollutant removal on various sorbents [J]. Trans. IChemE. , 1998, 76 (B): 332~340.

[64] Zou W, Han R, Chen Z, et al. Kinetic study of adsorption of Cu(II) and Pb(II) from aqueous solutions using manganese oxide coated zeolite in batch mode [J]. Colloids Surf. A. , 2006, 279: 238~246.

[65] Zhao D Y, Feng J L, Huo Q S, et al. Triblock copolymer syntheses of mesoporous silica with periodic 50 to 300 angstrom pores [J]. Science. , 1998, 279 (5350): 548~552.

[66] Zhao D Y, Huo Q S, Feng J L, et al. Nonionic triblock and star diblock copolymer and oligomeric surfactant syntheses of highly ordered, hydrothermally stable, mesoporous silica

structures [J]. J. Am. Chem. Soc. , 1998, 120 (24): 6024~6036.

[67] Beck J S, Vartuli J C, Roth W J, et al. A new family of mesoporous melecular-sieves prepared with liquid-crystal templates [J]. J. Am. Chem. Soc. , 1992, 114 (27): 10834~10843.

[68] Huo Q, Margolese D I, Stucky G D. Surfactant control of phases in the synthesis of mesoporous silica-based materials [J]. Chem. Mater. , 1996, 8 (5): 1147~1160.

[69] Hoffmann F, et al. Silica-based mesoporous organic-inorganic hybrid materials [J]. Angew. Chem. Int. Edit. , 2006, 45 (20): 3216~3251.

[70] Huo Q S, Margolese D I, Ciesla U, et al. Organization of organic molecules with inorganic molecular species into nanocomposite biphase arrays [J]. Chem. Mater. , 1994, 6 (8): 1176~1191.

[71] Huo Q S, Margolese D I, Ciesla U, et al. Generalized synthesis of periodic surfactant/inorganic composite materials [J]. Nature. , 1994, 368 (6469): 317~321.

[72] Antonelli D M, Ying J Y. Mesoporous materials [J]. Curr. Opin. Colloid Interface Sci. , 1996, 1 (4): 523~529.

[73] Zhao X S, Lu G Q, Millar G J. Advances in Mesoporous Molecular Sieve MCM-41 [J]. Ind. Eng. Chem. Res. , 1996, 35 (7): 2075~2090.

[74] Huang W Y, Zhang Y M, Li D. Adsorptive removal of phosphate from water using mesoporous materials: A review [J]. J. Environ Manage. , 2017, 193: 470~482.

[75] Delaney P, et al. Development of chemically engineered porous metal oxides for phosphate removal [J]. J. Hazard. Mater. , 2011, 185: 382~91.

[76] Shin E W, Han J S, Jang M, et al. Phosphate adsorption on aluminum-impregnated mesoporous silicates: surface structure and behavior of adsorbents [J]. Environ. Sci. Technol. , 2004, 38: 912~917.

[77] Saad R, Hamoudi S, Belkacemi K. Adsorption of phosphate and nitrate anions on ammonium-functionalized mesoporous silicas [J]. J. Porous Mater. , 2008, 15: 315~323.

[78] Choi J W, Lee S Y, Lee S H, et al. Adsorption of phosphate by amino-functionalized and co-condensed SBA-15 [J]. Water, Air, Soil Pollut. , 2012, 223: 2551~2562.

[79] Kim J Y, Balathanigaimani M S, Moon H. Adsorptive removal of nitrate and phosphate using MCM-48, SBA-15, chitosan, and volcanic pumice [J]. Water, Air, Soil Poll. , 2015, 226 (12): 11.

[80] Hamoudi S, Belkacemi K. Adsorption of nitrate and phosphate ions from aqueous solutions using organically-functionalized silica materials: Kinetic modeling [J]. Fuel. , 2013, 110: 107~113.

[81] Fryxell G E, Mattigod S V, Lin Y, et al. Design and synthesis of self-assembled monolayers on mesoporous supports (SAMMS): The importance of ligand posture in functional nanomaterials [J]. J. Mater. Chem. , 2007, 17 (28): 2863~2874.

[82] Zhang J D, Shen Z M, Shan W P, et al. Adsorption behavior of phosphate on lanthanum (Ⅲ)-coordinated diamino-functionalized 3D hybrid mesoporous silicates material [J].

J. Hazard. Mater. , 2011, 186: 76~83.

[83] Hamoudi S, Saad R, Belkacemi K. Adsorptive removal of phosphate and nitrate anions from aqueous solutions using ammonium-functionalized mesoporous silica [J]. Ind. Eng. Chem. Res. , 2007, 46: 8806~8812.

[84] Chouyyok W, Wiacek R J, Pattamakomsan K, et al. Phosphate removal by anion binding on functionalized nanoporous sorbents. environ [J]. Sci. Technol. , 2010, 44: 3073~3078.

[85] Zhang J D, Shen Z M, Mei Z J, et al. Removal of phosphate by Fe-coordinated amino-functionalized 3D mesoporous silicates hybrid materials [J]. J. Environ. Sci. , 2011, 23(2): 199~205.

[86] Choi J W, Lee S Y, Chung S G, et al. Removal of phosphate from aqueous solution by functionalized mesoporous materials [J]. Water, Air, Soil Pollut. , 2011, 222: 243~254.

[87] Saad R, Belkacemi K, Hamoudi S. Adsorption of phosphate and nitrate anions on ammonium-functionalized MCM-48: Effects of experimental conditions [J]. J. Colloid Interface Sci. , 2007, 311: 375~381.

[88] Hamoudi S, Nemr A E, Belkacemi K. Adsorptive removal of dihydrogenphosphate ion from aqueous solutions using mono, di- and tri-ammonium-functionalized SBA-15 [J]. J. Colloid Interface Sci. , 2010, 343: 615~621.

[89] Hamoudi S, Nemr A E, Bouguerra M, et al. Adsorptive removal of nitrate and phosphate anions from aqueous solutions using functionalized SBA-15: effects of the organic functional group [J]. Can. J. Chem. Eng. , 2012, 90: 34~40.

[90] Zhao X S, Lu G Q. Modification of MCM-41 by surface silylation with trimethylchlorosilane and adsorption study [J]. J. Phys. Chem. B. , 1998, 102 (9): 1556~1561.

[91] Lim M H, Stein A. Comparative studies of grafting and direct syntheses of inorganic-organic hybrid mesoporous materials [J]. Chem. Mater. , 1999, 11 (11): 3285~3295.

[92] Kao H M, Liao C H, Palani A, et al. One-pot synthesis of ordered and stable cubic mesoporous silica SBA-1 functionalized with amino functional groups [J]. Microporous Mesoporous Mater. , 2008, 113 (1~3): 212~223.

[93] Mercier L, Pinnavaia T J. Direct synthesis of hybrid organic-inorganic nanoporous silica by a neutral amine assembly route: Structure-function control by stoichiometric incorporation of organosiloxane molecules [J]. Chem. Mater. , 2000, 12 (1): 188~196.

[94] Wang X G, Lin K S K, Chan J C C, et al. Direct synthesis and catalytic applications of ordered large pore aminopropyl-functionalized SBA-15 mesoporous materials [J]. J. Phys. Chem. B, 2005, 109 (5): 1763~1769.

[95] Chong A S M, Zhao X S, Functionalization of SBA-15 with APTES and characterization of functionalized materials [J]. J. Phys. Chem. B. , 2003, 107 (46): 12650~12657.

[96] Margolese D, et al. Direct syntheses of ordered SBA-15 mesoporous silica containing sulfonic acid groups [J]. Chem. Mater. , 2000. 12 (8): 2448~2459.

[97] Yokoi T, Yoshitake H, Tatsumi T. Synthesis of anionic-surfactant-templated mesoporous silica

using organoalkoxysilane-containing amino groups [J]. Chem. Mater., 2003, 15 (24): 4536~4538.

[98] Zhang Q M, Ariga K, Okabe A, et al. A condensable amphiphile with a cleavable tail as a "Lizard" template for the sol-gel synthesis of functionalized mesoporous silica [J]. J. Am. Chem. Soc., 2004, 126 (4): 988~989.

[99] Yoshitake H. Highly-controlled synthesis of organic layers on mesoporous silica: their structure and application to toxic ion adsorptions [J]. New J. Chem., 2005, 29 (9): 1107~1117.

[100] Hao S Y, Chang H, Xiao Q, et al. One-pot synthesis and CO_2 adsorption properties of ordered mesoporous sba-15 materials functionalized with APTMS [J]. J. Phys. Chem. C., 2011, 115 (26): 12873~12882.

[101] Huang W Y, Li D, Yang J, et al. One-pot synthesis of Fe (Ⅲ)-coordinated diamino-functionalized mesoporous silica: Effect of functionalization degrees on structures and phosphate adsorption [J]. Microporous Mesoporous Mater., 2013, 170 (0): 200~210.

[102] Mattigod S V, Fryxell G E, Parker K E. Anion binding in self-assembled monolayers in mesoporous supports (SAMMS) [J]. Inorg. Chem. Commun., 2007, 10 (6): 646~648.

[103] Fryxell G E, Liu J, Hauser T A, et al. Design and synthesis of selective mesoporous anion traps [J]. Chem. Mater., 1999, 11 (8): 2148~2154.

[104] Wismer R K. Qualitative Analysis with Ionic Equilibrium [M]. New York: Macmiuan Publishing Company, 1991.

[105] Li D D, Min H Y, Jiang X, et al. One-pot synthesis of Aluminum-containing ordered mesoporous silica MCM-41 using coal fly ash for phosphate adsorption [J]. J. Colloid Interface Sci., 2013, 404: 42~48.

[106] Yang J, Zhou L, Zhao L Z, et al. A designed nanoporous material for phosphate removal with high efficiency [J]. J. Mater. Chem., 2011, 21: 2489~2494.

[107] Zhang J D, Shen Z M, Shan W P, et al. Adsorption behavior of phosphate on Lanthanum (Ⅲ) doped mesoporous silicates material [J]. J. Environ. Sci., 2010, 22: 507~511.

[108] Ou E, et al. Highly efficient removal of phosphate by lanthanum-doped mesoporous SiO_2 [J]. Colloids Surf. A, 2007, 308: 47~53.

[109] Han B Q, Chen N, Deng D Y, et al. Enhancing phosphate removal from water by using ordered mesoporous silica loaded with samarium oxide [J]. Anal. Methods. UK., 2015, 7 (23): 10052~10060.

[110] Wasay S A, Haron J, Tokunaga S. Adsorption of fluoride, phosphate, and arsenate ions on lanthanum impregnated silica gel [J]. Water Environ. Res., 1996, 68 (3): 295~300.

[111] Huang W Y, Yu X, Tang J P, et al. Enhanced adsorption of phosphate by flower-like mesoporous silica spheres loaded with lanthanum [J]. Microporous Mesoporous Mater., 2015, 217: 225~232.

[112] Tang Y Q, Zong E M, Wan H Q, et al. Zirconia functionalized SBA-15 as effective adsorbent for phosphate removal [J]. Microporous Mesoporous Mater., 2012, 155: 192~200.

[113] Wang W J, Zhou J, Wei D, et al. ZrO_2-functionalized magnetic mesoporous SiO_2 as effective phosphate adsorbent [J]. J. Colloid Interface Sci. , 2013, 407: 442~449.

[114] Yuan Z Y, Su B L. Insights into hierarchically meso-macroporous structured materials [J]. J. Mater. Chem. , 2006, 16 (7): 663~677.

[115] Huang W Y, Li D, Zhu Y, et al. Phosphate adsorption on aluminum-coordinated functionalized macroporous-mesoporous silica: Surface structure and adsorption behavior [J]. Mater. Res. Bull. , 2013, 48: 4974~4978.

[116] Huang W Y, Li D, Zhu Y, et al. Fabrication of Fe-coordinated diamino-functionalized SBA-15 with hierarchical porosity for phosphate removal [J]. Mater. Lett. , 2013, 99 (0): 154~157.

[117] Zheng T T, Sun Z X, Yang X F, et al. Sorption of phosphate onto mesoporous gamma-alumina studied with in-situ ATR-FTIR spectroscopy [J]. Chem Cent J. , 2012, 6: 26.

[118] Liu H L, Sun X F, Yin C Q, et al. Removal of phosphate by mesoporous ZrO_2 [J]. J. Hazard. Mater, 2008, 151: 616~622.

[119] Zhou J B, Yang S L, Yu J G. Facile fabrication of mesoporous MgO microsheres and their enhanced adsorption performance for phosphate from aqueous solutions [J]. Colloids Surf. A. , 2011, 379: 102~108.

[120] Satapathy P K, Behera R K, Nayak A K, et al. Adsorptive removal of phosphate from aqueous solutions using ceria-titania mixed oxide [J]. Asian J. Chem. , 2011, 23 (7): 3055~3058.

[121] Su Y, Yang W Y, Sun W Z, et al. Synthesis of mesoporous cerium-zirconium binary oxide nanoadsorbents by a solvothermal process and their effective adsorption of phosphate from water [J]. Chem. Eng. J. , 2015, 268: 270~279.

[122] Sarkar A, Biswas S K, Pramanik P. Design of a new nanostructure comprising mesoporous ZrO_2 shell and magnetite core ($Fe_3O_4@ZrO_2$) and study of its phosphate ion separation efficiency [J]. J. Mater. Chem, 2010, 20: 4417~4424.

[123] Jia Z G, Wang Q Z, Liu J H, et al. Effective removal of phosphate from aqueous solution using mesoporous rodlike $NiFe_2O_4$ as magnetically separable adsorbent [J]. Colloids Surf. A. , 2013, 436: 495~503.

[124] Urano K, Tachikawa H. Process development for removal and recovery of phosphorus from wastewater by a new adsorbent. 1. Preparation method and adsorption capability of a new adsorbent [J]. Ind. Eng. Chem. Res. , 1991, 30 (8): 1893~1896.

[125] Urano K, Tachikawa H. Process-development for removal and recovery of phosphorus from waste-water by a new adsorbent. 3. desorption of phosphate and regeneration of adsorbent [J]. Ind. Eng. Chem. Res. , 1992, 31 (6): 1510~1513.

[126] Zhao D Y, SenGupta A K. Ligand separation with a copper (Ⅱ)-loaded polymeric ligand exchanger [J]. Ind. Eng. Chem. Res. , 2000, 39 (2): 455~462.

[127] Iwamoto M. Anion exchange between sulfate ion and hydrogenphosphate ion to form mesoporous

zirconium-phosphorus complex oxide [J]. Chem. Lett., 1998, (12): 1213~1214.

[128] Kitagawa H, Watanabe Y. Highly effective removal of arsenate and arsenite ion through anion exchange on zirconium sulfate-surfactant micelle mesostructure [J]. Chem. Lett., 2002, (8): 814~815.

[129] Watanabe Y, Iwamoto M. Zirconium sulfate-surfactant micelle mesostructure as an effective remover of selenite ion [J]. Chem. Lett., 2004, 33 (1): 62~63.

[130] Lee C W, Bae S D, Han S W, et al. Application of ultrafiltration hybid membrane processes for reuse of secordary effluent [J]. Desalination, 2007, 202 (1~3): 239~246.

[131] Yeon K H, Park H, Lee S H, et al. Zirconium mesostructures immobilized in calcium alginate for phosphate removal [J]. Korean J. Chem. Eng., 2008, 25 (5): 1040~1046.

[132] Reddy J S, Sayari A. Nanoporous zirconium-oxide prepared using the supramolecular templating approach [J]. Catal. Lett., 1996, 38 (3~4): 219~223.

[133] Ciesla U, Schacht S, Stucky G D, et al. Formation of a porous zirconium oxo phosphate with a high surface area by a surfactant-assisted synthesis [J]. Angew. Chem. Int. Ed., 1996, 35 (5): 541~543.

[134] Lee S H, Lee B C, Lee K W, et al. Phosphorus recovery by mesoporous structure material from wastewater [J]. Water Sci. Technol., 2007, 55 (1~2): 169~176.

3 Fe(Ⅲ)-乙二胺功能化介孔材料的一步法合成及其除磷性能

对含磷污水进行深度除磷是延缓水体富营养化、保护水资源的一个有效手段，也是目前环境工作者面临的热点问题[1,2]。吸附法相对于其他除磷方法具有去除效率高、去除速度快等优点，多种吸附剂如针铁矿、火山石、氧化铁矿渣、层状双氢氧化物、沸石分子筛、红土、粉煤灰和有机废料等被报道具有良好的吸附除磷性能[2~17]。

近年来，介孔材料因在吸附领域具有巨大的应用前景而引起了研究者的广泛关注[18]。采用共价嫁接法在其介孔表面嫁接有机官能团，可增强其吸附效果和吸附选择性，并且可用于去吸附去除低浓度目标污染物[19~21]。其吸附量的增大可通过增加官能团的含量来获得[22,23]，因此在合成过程中往往希望制备出高官能团负载量和有序孔道的介孔吸附剂[24~27]。SBA-15作为介孔材料的一种类型，与MCM相比具有孔壁厚，耐热性好等优点[28,29]。目前，已经有文献报道采用合成各种官能团嫁接的介孔吸附剂，包括氨基、巯基、羧基和芳香基等，其合成方法有后嫁接法和一步法[29~34]。与后嫁接法相比，一步法所制备的材料表面官能团的分布比较均匀[29,35]，且一步法可缩短合成步骤从而更经济。然而，一步法合成中有机官能团含量的增大会导致介孔有序性下降，针对这一问题，可通过添加一定量的氟离子提高孔道的有序性，使吸附剂的介孔表面更容易捕获溶液中的磷酸根离子，从而提高所合成材料的吸附量[36~40]。

3.1 实验方法

3.1.1 功能化MCM-41的一步法合成

以正硅酸乙酯（TEOS）作为硅源，十六烷基三甲基溴化铵（CTAB）作为表面活性剂在碱性条件下制备了MCM-41型二氧化硅有序介孔材料，并采用N-(β-氨乙基-γ-氨丙基)甲基二甲氧基硅烷（AAPTS）作为乙二胺官能团的嫁接前驱物。合成过程中，按照以下比例进行 AAPTS : TEOS : CTAB : 氨水 : 乙醇 : 水 = x : 1 : 0.41 : 14.5 : 53 : 180，其中，x = 10%, 20%, 30%。具体实验方法如下：将2.4g CTAB溶解在48mL水中，加50mL无水乙醇，完全溶解后，加入17.4mL 25%的氨水。滴加3.5mL TEOS，40℃水浴预水解2h，滴加一定量的乙二胺硅烷偶联剂。30min 后加入 0.1728g NH_4F，继续搅拌 2h。转入水热反应釜，100℃，24h。过滤收集样品，水洗，醇洗后加入含 1mol/L 盐酸的乙醇混合液，搅拌 12h，室温，过滤，乙醇洗。将抽干的滤饼分别转入 3 个三颈圆底烧瓶，加入（乙醇胺 8mL+乙醇 92mL）混合液，搅拌过夜。水洗，异丙醇洗，抽干，将滤饼直接转入 0.01mol/L $Fe(NO_3)_3$ 的异丙醇溶液中，搅拌 2h，过滤，60℃真空（小于 1kPa）干燥 12h 获得产物。根据在合成过程中所添加官能团比例的不同，将所得产物命名为 MCM-41-NN-x（x=10%，20%，30%）。所得产物在 $FeCl_3$ 溶液中搅拌 2h 后，过滤，水洗，异丙醇洗，真空干燥后获得 Fe(Ⅲ)-乙二胺络合功能化的 MCM-41 吸附剂，并分别命名为 MCM-41-NN-Fe-x（x=10%，20%，30%）。作为对比，相同合成条件下未嫁接乙二胺官能团的样品命名为 MCM-41-Fe。

3.1.2 功能化 SBA-15 的一步法合成

乙二胺功能化 SBA-15 的合成采用一步法，具体的实验操作按照如下步骤进行：将 1.2g $EO_{20}PO_{20}EO_{20}$（P123，Aldrich）溶解在 36g 2mol/L 盐酸中，加入 9g 去离子水，室温，搅拌溶解。滴加 2.7mL 正硅酸乙酯（TEOS，95%），40℃水浴预水解 2h，缓慢滴加不同含量的乙二胺硅烷偶联剂（AAPTS）。30min 后加入 0.1333g NH_4F，继续搅拌 20h 后转入水热反应釜，100℃，24h。过滤，水洗，醇洗后加入（乙醇胺：乙醇 = 18：82（体积比））混合液 100mL，搅拌 6h，离心，再加入 50mL 乙醇，搅拌 6h，室温，离心。加入（乙醇胺：乙醇 = 8：92（体积比））混合液 100mL，搅拌过夜，抽滤，水洗，异丙醇洗。转入 0.05mol/L $FeCl_3$ 的异丙醇溶液中，搅拌 2h，过滤，80℃真空干燥，获得 Fe(Ⅲ)-乙二胺络合的 SBA-15 吸附剂。其所用原料按照以下比例 P123：HCl：H_2O：AAPTS：TEOS = 0.017：6.3：121.4：x：1，其中 x = 0，0.10，0.20，0.30，0.40，0.50，0.60。根据合成过程中 AAPTS/TEOS 比值的不同，将所合成的 Fe(Ⅲ)-乙二胺络合的 SBA-15 吸附剂记为 S15-NN-Fe-x，其中 x = 0，0.10，0.20，0.30，0.40，0.50 和 0.60；因此所合成的吸附剂分别为 S15-NN-Fe-0，S15-NN-Fe-0.1，S15-NN-Fe-0.2，S15-NN-Fe-0.3，S15-NN-Fe-0.4，S15-NN-Fe-0.5，和 S15-NN-Fe-0.6。

3.1.3 吸附剂的表征及静态吸附除磷实验

X 射线粉末衍射（XRD）采用布鲁克 D8 X 射线衍射仪表征吸附剂晶体结构。主要操作条件为：铜阳极，石墨单色器，$CuK\alpha$ 波长 1.5406，36kV，20 mA，扫描速度 1°/min，步长 0.01°。红外光谱（FT-IR）采用德国布鲁克 EQUINOX55 高级研究型傅里叶红外光谱仪。样品用 KBr 压片，扫描范围 4000~400cm^{-1}。比表面积采用 TriStra3000 型物理吸附仪在 77K 下对制备的吸附剂进行了 N_2 吸附—脱附实验，测定硅吸附剂的比表面积、孔容和孔径大小，通过在相对压力为 0.05~0.20 区域的线性分析获得 BET 值。孔径分布通过 Barrett-Joyner-Hallenda（BJH）技术对脱附支热力学曲线的计算获得；孔容通过在相对压力为 0.98 时，计算 N_2 在吸附剂上的吸附量而获得。测试之前，样品先放于真空干燥箱 120℃ 干燥 12h。扫描电子显微镜（SEM）采用荷兰 Philips 公司 XL-30ESEM 型扫描电子显微镜观察吸附剂的表面形貌；能谱分析 EDX 采用英国牛津 OXFORD 公司的 ISIS-300 型能谱仪。透射电镜（TEM）测试在 JEM2010-HR（JEOL）仪器上进行，在拍照之前先取少量样品分散在无水乙醇中，超声约 5min，用铜网收集后观察。样品的电子衍射（SAED）测试在电压为 200kV 时进行分析。热重-差热分析采用日本理学热分析仪 TAS-100（升温速率 10℃/min，温度范围为 0~800℃）对吸附剂的热分解行为进行表征。ICP 测试在 ICP-MS（model ELAN-DRC-e，USA）上进行，将 0.10g 吸附剂分散在 100.0mL 2.0%（体积分数）HNO_3 12h 后过滤，测定滤液中铁等元素的含量。

采用静态吸附实验研究吸附剂的除磷性能[41~44]，主要包括以下几个方面：吸附等温线的测定、吸附动力学、溶液 pH 值的影响、共存阴离子对吸附的影响、脱附和吸附循环实验。

3.2 吸附剂的表征结果分析

3.2.1 Fe(Ⅲ)-乙二胺功能化 MCM-41 吸附剂

根据元素分析结果，样品 MCM-41-NN-Fe-10%、MCM-41-NN-Fe-20% 和 MCM-41-NN-Fe-30% 中氮的质量分数分别为 1.48%、2.31% 和 2.51%，而碳的含量分别为 8.42%、11.82% 和 12.57%。从含量的变化可以看出官能团已经成功地嫁接到吸附剂上，并且随着加入量的增加，官能团的含量也逐渐增加。

从 XRD 图谱（图 3-1（a））中可见，纯 MCM-41 在低角度出现较强的（100）特征衍射峰，对应吸附剂样品中存在六方对称介孔结构（$P6mm$）。样品中该峰的出现说明所合成的吸附剂为有序介孔结构。然而，随着官能团含量的增加，这个特征衍射峰从 MCM-41-NN-10%、MCM-41-NN-20% 到 MCM-41-NN-30%，逐渐减弱并且向右移动，这可能是因为嫁接的乙二胺官能团含量的增加造成介孔的有序性的下降。

从红外图谱（图 3-1（b））中可见，纯 MCM-41 在波数为 1084cm^{-1} 和 798cm^{-1} 处出现吸收峰，对应于 Si—O—Si 的对称和不对称震动。在 3430cm^{-1} 处出现了一个宽峰，说明样品中存在 Si—OH。功能化后的样品在 2810cm^{-1} 和 2930cm^{-1} 处出现吸附峰，对应 C—H 伸缩震动，说明样品中已经成功嫁接了有机官能团。并且这个峰在吸附前后都存在，说明该官能团以共价键形式嫁接在介孔

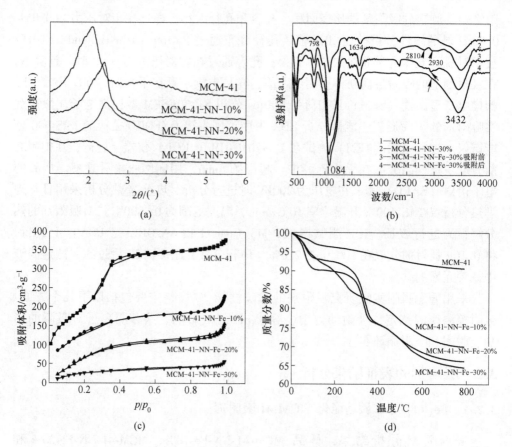

图 3-1 MCM-41 和功能化 MCM-41 吸附剂的结构对照图
(a) XRD；(b) FTIR 红外光谱图；(c) N_2 吸附-脱附曲线；(d) 热重图

表面，并且不容易在吸附过程中脱落。样品的氮气吸附—脱附曲线如图 3-1（c）和表 3-1 所示。根据 IUPAC 分类，图 3-1（c）中氮气吸附—脱附曲线为Ⅳ型并且带有 H1 型滞后环，说明所合成的样品为介孔结构[45,46]。从表 3-1 中可见，随着官能团含量的增加，样品的比表面、孔径和孔容值分别降低，这可能是官能团在介孔表面嫁接和随后与 Fe^{3+} 的络合分别占据了一定的介孔孔道空间而导致的。从热重图（图 3-1（d））可见，纯的 MCM-41 在 100℃之前存在失重，主要是因为吸附水的脱去，而 100℃以后没有明显的质量损失。然而，嫁接后的样品在 300～600℃之间有一个明显的失重，其原因可能是所嫁接的乙二胺官能团的分解。

表 3-1 功能化 MCM-41 吸附剂的结构参数

样品	比表面积/$m^2 \cdot g^{-1}$	孔径/nm	孔容/$cm^3 \cdot g^{-1}$
MCM-41	737	2.87	0.66

续表 3-1

样品	比表面积/m²·g⁻¹	孔径/nm	孔容/cm³·g⁻¹
MCM-41-NN-Fe-10%	501	2.74	0.34
MCM-41-NN-Fe-20%	275	2.68	0.21
MCM-41-NN-Fe-30%	171	2.62	0.14

3.2.2　Fe(Ⅲ)-乙二胺功能化 SBA-15 吸附剂

样品 S15-NN-Fe-x(x = 0~0.6) 的 XRD 衍射图如图 3-2 (a) 所示。从图中可见，未添加乙二胺硅烷偶联剂时所合成的样品 S15-NN-Fe-0 在 2θ 为 0.5°~3°之间出现一个高强度的衍射峰和两个较弱衍射峰，对应介孔 SBA-15 的 (100)、(110) 和 (200) 衍射，说明所合成的介孔材料中具有高度有序的六方介孔结构。添加 AAPTS/TEOS 摩尔比为 0.10~0.50 后所合成的样品如图 3-2 (b) 中 2~6 所示，(100) 面的衍射峰强度逐渐降低，(110) 和 (200) 的衍射峰几乎看不到。而对于样品 S15-NN-Fe-0.6，如图 3-2 (a) 中 7 所示，所有的衍射峰都已经消失。这种现象在一步法合成氨基功能化和巯基功能化 SBA-15 材料中也有类似的报道[40,44,47]。不同吸附剂 S15-NN-Fe-x(x = 0~0.6) 的红外光谱如图 3-2 (b) 所示。从图中可见，950cm⁻¹ 吸收峰对应未参加共缩合的 Si—OH 基团[48~51]。在波长分别为 1080cm⁻¹、800cm⁻¹ 和 465cm⁻¹ 处出现的吸收峰对应 Si—O—Si 的对称和不对称震动，该吸收峰在样品 S15-NN-Fe-0.1 到 S15-NN-Fe-0.6 中分别出现。随着合成过程中 AAPTS 加入量的增加，样品中出现新的吸收峰，如图 3-2 (b) 中 7 所示。波长为 690cm⁻¹、1470cm⁻¹ 和 1650cm⁻¹ 的吸收峰对应—N—H 弯曲震

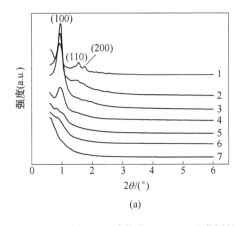
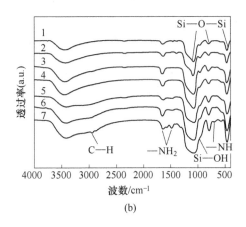

图 3-2　功能化 SBA-15 吸附剂的 XRD 图谱 (a) 和 FT-IR 图谱 (b)
1—S15-NN-Fe-0；2—S15-NN-Fe-0.1；3—S15-NN-Fe-0.2；4—S15-NN-Fe-0.3；
5—S15-NN-Fe-0.4；6—S15-NN-Fe-0.5；7—S15-NN-Fe-0.6

动和 NH$_2$ 震动[52,53]。而在 2900~3000cm^{-1} 之间的吸收峰对应烷基 C—H 的伸缩震动。这些新衍射峰的出现说明通过一步法共缩合可成功合成乙二胺功能化的 SBA-15 介孔材料。并且这些新吸收峰的强度随着 AAPTS 加入量的增加而增强，说明材料中氮的含量不断增加。这和元素分析所测得结果相一致，见表 3-2。

表 3-2 功能化 SBA-15 吸附剂的化学组成和结构特征

样品	氮含量 /mmol·g^{-1}	氮负载比/%	铁含量 /mmol·g^{-1}	S_{BET} /m^2·g^{-1}	$V_总$ /cm^3·g^{-1}
S15-NN-Fe-0	0	0	0.0035	652.53	0.91
S15-NN-Fe-0.1	1.32	0.47	0.13	424.14	0.79
S15-NN-Fe-0.2	1.88	0.39	0.25	382.20	0.66
S15-NN-Fe-0.3	2.39	0.36	0.30	368.04	0.62
S15-NN-Fe-0.4	2.43	0.31	0.31	351.96	0.43
S15-NN-Fe-0.5	2.73	0.30	0.43	168.94	0.20
S15-NN-Fe-0.6	4.24	0.43	0.60	4.53	0.01

不同吸附剂 S15-NN-Fe-x(x = 0~0.6) 的氮气吸附—脱附热力学曲线和它们对应的 BJH 孔径分布曲线如图 3-3 所示，所测得样品的比表面积、孔径和总孔容数据见表 3-2。样品 S15-NN-Fe-0 的氮气吸附—脱附曲线为Ⅳ型并且带有 H1 型滞后环，说明所合成的样品为有序均匀的介孔结构[54]。同时在图 3-3（b）和表 3-2 中可见该样品的孔径为 5.6nm，比表面积和孔容分别为 652.53m^2/g 和 0.91cm^3/g。随着合成过程中 AAPTS 含量的增加，样品的 BET 曲线出现了不同的变化。根据标准，样品 S15-NN-Fe-0.1、S15-NN-Fe-0.2 和 S15-NN-Fe-0.3 的曲线可定义为Ⅳ型热力学曲线并且带有 H1 型滞后环，而样品 S15-NN-Fe-0.4（图 3-3（a）中 5）和 S15-NN-Fe-0.5（图 3-3（a）中 6）具有Ⅰ型热力学曲线和 H1 型滞后环。曲线中滞后环的位置向低压力方向移动，说明样品中介孔的孔径不断缩小。表 3-2 中可见 S_{BET} 和 $V_总$ 的数据也不断下降。这些变化说明，随着 AAPTS 加入量的增加，样品的孔道不断减少，比表面积也减少；并且 Fe(Ⅲ) 的加入也可能导致比表面积和孔径的下降。而对于样品 S15-NN-Fe-0.6，其比表面积和孔容分别为 4.53m^2/g 和 0.01cm^3/g（见表 3-2）。说明该样品中不存在有序介孔结构，这可通过 TEM 图进一步证实。

样品 S15-NN-Fe-x(x = 0~0.6) 的 SEM 和 TEM 图如图 3-4 所示。从图 3-4（a）可见，这几个样品具有均匀的粗绳状形貌，与文献所报道的 SBA-15 形貌类似[55,56]。相反，样品 S15-NN-Fe-0.6 具有不规则形貌。在 TEM 图中，所对应的

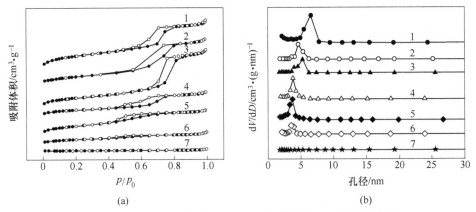

图 3-3 功能化 SBA-15 吸附剂的 N_2 吸附—脱附图（a）和孔径分布图（b）

1—S15-NN-Fe-0；2—S15-NN-Fe-0.1；3—S15-NN-Fe-0.2；4—S15-NN-Fe-0.3；
5—S15-NN-Fe-0.4；6—S15-NN-Fe-0.5；7—S15-NN-Fe-0.6

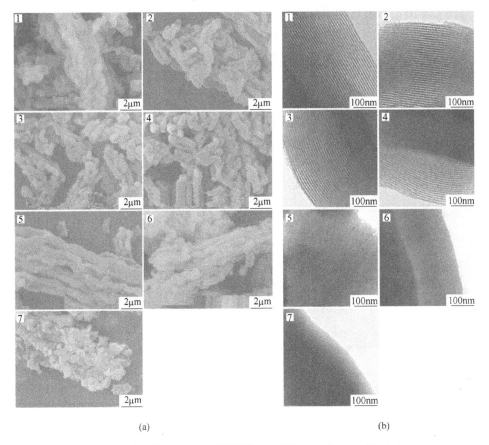

图 3-4 功能化 SBA-15 吸附剂的 SEM 图（a）和 TEM 图（b）

1—S15-NN-Fe-0；2—S15-NN-Fe-0.1；3—S15-NN-Fe-0.2；4—S15-NN-Fe-0.3；
5—S15-NN-Fe-0.4；6—S15-NN-Fe-0.5；7—S15-NN-Fe-0.6

样品具有高度有序的介孔结构，并且孔径未见明显的缩小。而在图 3-4（b）5~6 中，所对应的样品 S15-NN-Fe-0.4 和 S15-NN-Fe-0.5 虽然还局部保持有序的介孔结构，但是孔径有所缩小。而对于样品 S15-NN-Fe-0.6，如图 3-4（b）中 7 所示，所有的有序孔结构已经消失，说明当官能团含量增加到一定量时，材料失去了介孔结构。以上所获得的结果和 XRD、BET 分析相一致。

3.3 功能化 MCM-41 吸附剂的除磷性能

3.3.1 去除率比较

不同官能团含量吸附剂对磷的去除率比较如图 3-5 所示。从中可见，MCM-41 基本上不能吸附水体中的磷。而 Fe^{3+} 络合乙二胺官能团的吸附剂 MCM-41-NN-Fe-10%、MCM-41-NN-Fe-20% 和 MCM-41-NN-Fe-30% 的去除率分别为 95.14%、96.43% 和 96.98%，远高于对比的样品。并且随着样品中官能团含量的增加，吸附剂的去除率也不断增加，这可能是因为样品中的活性位点更多。此外，在相同条件下，MCM-41-Fe 对磷的吸附率仅有 13.6%。可见，一步法能成功合成不同含量乙二胺官能团的介孔吸附剂，并且可与 Fe^{3+} 作用形成活性位点，从而使得去除率大大提高。

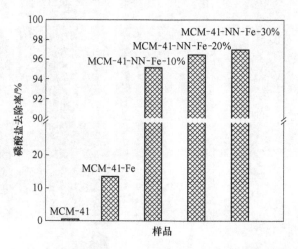

图 3-5 功能化 MCM-41 吸附剂的去除率对比图

3.3.2 吸附热力学

对吸附数据的热力学模型拟合曲线如图 3-6 所示，拟合后的常数见表 3-3。从图和表中可见，Langmuir 模型能更好地描述吸附数据，其相关性常数值 $R^2 >$ 0.97，说明该吸附剂对水中磷酸根的吸附为单分子层吸附[8]。并且，随着官能团含量的增大，吸附剂的吸附量也逐渐增大，其中 MCM-41-NN-Fe-30%的吸附量最大，为 52.5mg/g，高于文献所报道的采用后嫁接方法合成的乙二胺功能化的 MCM-41 吸附剂。

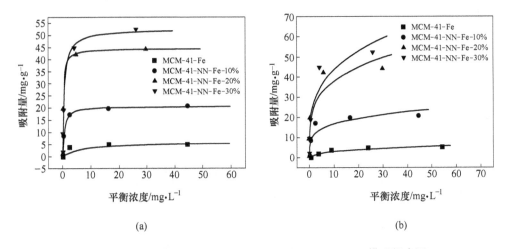

图 3-6　介孔吸附剂的 Langmuir（a）和 Freundlich（b）模型拟合图

表 3-3　功能化 MCM-41 吸附剂的模型拟合参数

样　品	Langmuir			Freundlich		
	q_0/mg·g^{-1}	K_L/L·mg^{-1}	R^2	n	K_F/mg·g^{-1}	R^2
MCM-41-Fe	5.9	0.152	0.973	2.54	1.18	0.858
MCM-41-NN-Fe-10%	20.8	1.88	0.993	4.44	9.91	0.857
MCM-41-NN-Fe-20%	44.5	4.44	0.979	4.10	21.61	0.868
MCM-41-NN-Fe-30%	52.5	1.68	0.978	3.57	22.88	0.894

3.4　功能化 SBA-15 吸附剂的除磷性能

3.4.1　不同官能团含量对吸附剂去除率的影响

不同吸附剂 S15-NN-Fe-x(x = 0~0.6) 的去除率对比图如图 3-7 所示。从图中可见，样品 S15-NN-Fe-0 的去除率只有 1.71%，说明未嫁接官能团的样品几乎不能去除磷。这主要是因为样品中没有活性位点，从 ICP 结果可证实，该样品中 Fe^{3+} 离子的含量仅仅为 0.0035mmol/g。改性后的样品，其吸附量显著增加，并且随着 AAPTS 投加量的增加而增加。如样品 S15-NN-Fe-0.1、S15-NN-Fe-0.3 和 S15-NN-Fe-0.5 的去除率分别为 40.19%、76.05% 和 95.84%，如图 3-7 中 2~6 所示。其原因主要是样品中官能团含量的增加，使得 Fe^{3+}-乙二胺络合的活性位点增加,这说明一步法共缩合是合成功能化改性介孔吸附剂的有效手段,相对于后嫁接方法更易于获得表面分布均匀的官能团且不易堵塞孔道[34,57],使得吸附质磷酸根可以自由出入孔道,并且容易被活性位点捕获[58]。当官能团含量进一步增加时,尽管样品 S15-NN-Fe-0.6 的 Fe 含量进一步增加至 0.60mmol/L(见表3-2),然而其去除率(图3-7)反而下降,这主要是因为孔结构坍塌和孔道的无序性导致磷酸根离子无法到达活性位点。

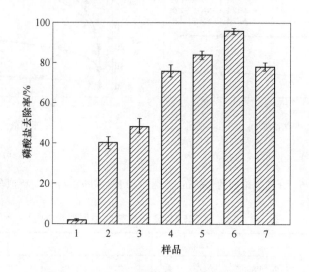

图 3-7 功能化 SBA-15 吸附剂的去除率比较
1—S15-NN-Fe-0; 2—S15-NN-Fe-0.1; 3—S15-NN-Fe-0.2; 4—S15-NN-Fe-0.3;
5—S15-NN-Fe-0.4; 6—S15-NN-Fe-0.5; 7—S15-NN-Fe-0.6

3.4.2 吸附剂等温线及其模拟

为了进一步研究吸附剂的吸附量,图 3-8 为不同样品 S15-NN-Fe-x(x = 0.1、0.3 和 0.5)的 Langmuir 和 Freundlich 吸附等温线,表 3-4 为 Langmuir 和 Freundlich 模型拟合后各常数的数据值。从图 3-8 和表 3-4 可见,根据两者的相关性系数(R^2 > 0.9),可知吸附数据分别符合 Langmuir 和 Freundlich 模型。相比之下,Langmuir 模型对吸附数据的表述更为准确,因为其相关性系数分别大于0.994,这表明该吸附过程为单分子层吸附,与文献所报道的后嫁接法合成的 Fe^{3+}-乙二胺络合的介孔吸附剂的吸附机理一致[59,60]。从表 3-4 可见,样品 S15-NN-Fe-0.5 的最大吸附量为 20.7mg/g,大于实验所合成的其他样品如 S15-NN-Fe-0.1(4.7mg/g)和 S15-NN-Fe-0.3(8.8mg/g)。因此,在接下来的实验中,选择 S15-NN-Fe-0.5 作为吸附剂进一步研究该吸附剂的吸附性能。

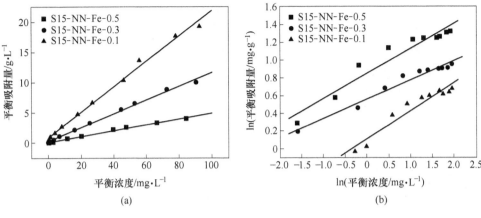

图 3-8 功能化 SBA-15 吸附剂的吸附等温线拟合图
(a) Langmuir 模型；(b) Freundlich 模型

表 3-4 吸附剂的模型拟合参数列表

样品	Langmuir			Freundlich		
	q_0/mg·g^{-1}	K_L/L·mg^{-1}	R^2	n	K_F/mg·g^{-1}	R^2
S15-NN-Fe-0.1	4.7	0.241	0.994	3.1	1.3	0.928
S15-NN-Fe-0.3	8.8	0.420	0.995	4.8	3.7	0.964
S15-NN-Fe-0.5	20.7	0.467	0.994	3.5	7.1	0.929

3.4.3 吸附量与文献值比较

表 3-5 为样品 S15-NN-Fe-0.5 的吸附量与一些文献所报道的吸附剂的吸附量对比。从表中可见，样品 S15-NN-Fe-0.5 的吸附量高于大部分所列的吸附剂的吸附量。在相同条件下，pH 值为 5.0 和温度为 35℃时，样品 S15-NN-Fe-0.5 的吸附量高于镧/铝柱撑蒙脱土的吸附量[12]。从动力学实验结果可知，该吸附剂具有极快的吸附去除速率。可见，实验所合成的高效、快速吸附剂具有潜在的应用价值。

表 3-5 吸附剂 S15-NN-Fe-0.5 与文献报道的其他吸附剂的吸附性能对照

吸附剂	pH 值	温度/℃	吸附量/mg·g^{-1}	文献
氧化铁尾矿	6.7~6.8	20	12.7	[8]
镧/铝柱撑蒙脱土	5.0	35	9.8	[12]
铝柱撑蒙脱土	5.0	35	7.9	[12]

续表 3-5

吸附剂	pH 值	温度/℃	吸附量/mg·g^{-1}	文献
红土	5.5	40	0.6	[13]
ZiO$_2$ 功能化 SBA-15	6.2	25	14.7	[21]
Fe-配位氨基功能化 MCM-41	5.0	室温	14.3	[28]
La-配位氨基功能化 MCM-41	7.0	35	16.9	[29]
Fe-配位氨基功能化 MCM-41	7.0	35	16.6	[30]
S15-NN-Fe-0.5	5.0	35	20.7	本书

3.4.4 吸附动力学及其模拟

样品 S15-NN-Fe-0.5 在不同初始浓度下的吸附动力学如图 3-9（a）所示。从图中可见，在吸附进行 1min 后，去除率均大于 75%，而在 10min 后，几乎 90% 的磷已经被去除。这主要是因为吸附剂的有序介孔结构，使得磷酸根离子可以快速进入孔道，并被活性位点捕获。当吸附进行 30min 时，去除率达到最高；在接下来的 60min，去除率基本维持在平衡水平；说明活性位点已经被占据，吸附达到平衡。在不同初始浓度的含磷溶液中吸附剂的平衡吸附量分别为 16.6mg/g、18.4mg/g 和 20.7 mg/g。图 3-9（b）为准二级动力学模型拟合图，从中可见，准二级动力学方程可以很好地描述样品的吸附动力学，其相关性系数 $R^2 = 0.999$。而对实验数据的准一级动力学拟合发现，其相关性系数仅为 0.650（见表 3-6）。可见，该吸附剂 S15-NN-Fe-0.5 对磷的吸附机理为化学吸附。

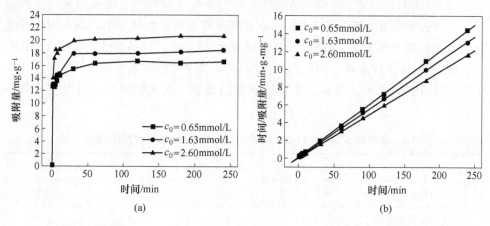

图 3-9 不同初始浓度下 S15-NN-Fe-0.5 的吸附对照图（a）和准二次动力学方程拟合图（b）

表 3-6 S15-NN-Fe-0.5 的准二级动力学方程和准一级动力学方程拟合参数

初始浓度 c_0/mmol·L^{-1}	q_e(实验) /mg·g^{-1}	准一级动力学			准二级动力学		
		k_1/min^{-1}	q_e(计算) /mg·g^{-1}	R^2	k_2 /g·(mg·min)$^{-1}$	q_e(计算) /mg·g^{-1}	R^2
0.65	16.6	0.0191	3.8	0.675	0.0413	16.7	0.999
1.63	18.4	0.0183	4.4	0.661	0.0251	18.4	0.999
2.64	20.7	0.0244	4.1	0.612	0.0357	20.7	0.999

3.4.5 pH 值对吸附的影响

样品 S15-NN-Fe-0.5 在不同初始 pH 值 2.0~11.0 的去除率比较如图 3-10 所示。从图中可见,当 pH = 2.0 时,去除率为 68.96%;当 pH = 3.0 时,去除率增加到 94.67%;在 pH 值为 3.0~6.0 时,去除率在 94.42% 上下波动;当 pH 值在 6.0~11.0 时,去除率从 95.31% 降低到接近 0%。这主要是因为磷酸根为多质子酸,在不同 pH 值的水溶液中分别以 $H_2PO_4^-$、HPO_4^{2-} 和 PO_4^{3-} 方式存

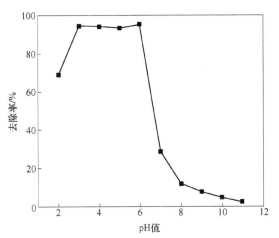

图 3-10 pH 值对吸附剂 S15-NN-Fe-0.5 的吸附量影响图

在[61]。当溶液的 pH 值小于 2.13 时,溶液中的磷酸根以中性 H_3PO_4 存在,与 Fe 活性位点作用力较弱,并且 Fe^{3+} 在该情况下很可能会浸出,因而去除率较低[62]。当 pH 值在 2.13~7.20 时,溶液中的磷酸根主要为 $H_2PO_4^-$,该吸附剂在 pH 值为 3.0~6.0 时具有较高的去除率,说明 Fe^{3+}-乙二胺络合吸附中心对一价磷酸根 $H_2PO_4^-$ 具有较好的捕获能力。而当 pH 值在 7.2~11.0 时,溶液中的磷酸根主要为 HPO_4^{2-},并且由于 pH ≥7.0 时溶液中 OH^- 离子的含量也增大,HPO_4^{2-} 和 OH^- 都为负价离子,因此存在竞争吸附,从而导致吸附率下降。

3.4.6 干扰离子对吸附的影响

共存离子 F^-、Cl^-、NO_3^-、SO_4^{2-} 和 HCO_3^- 等对去除率的影响如图 3-11 所示。当不含共存离子时,样品 S15-NN-Fe-0.5 的去除率为 92.52%,当加入共存离子时,样品的去除率分别受到了一定程度的影响,其影响的大小按以下顺序 HCO_3^->SO_4^{2-}>F^->NO_3^->Cl^-。可见,在以上干扰离子中,HCO_3^- 对去除率的干扰最大。原

因是 HCO_3^- 作为含氧酸根，其结构与磷酸根类似，都具有四面体结构，对活性位点的争夺能力最大[28,63,64]。因此，当存在 HCO_3^- 时，吸附剂对磷酸根的去除率只有 1.64%。相反，当存在 Cl^- 时，吸附剂对磷酸根的去除率仍然可达 85.71%。

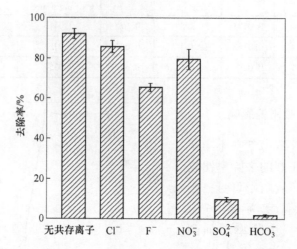

图 3-11 共存离子对吸附剂 S15-NN-Fe-0.5 的去除率影响图

3.4.7 脱附动力学

为了研究吸附剂的再生性能，吸附后的 S15-NN-Fe-0.5 样品于 0.010mol/L NaOH 中进行脱附的动力学如图 3-12 所示。从图中可知，吸附剂的脱附速率较快，在 15min 后基本上达到脱附—吸附平衡，并且脱附率可达 90% 以上，说明该吸附剂具有可再生能力。

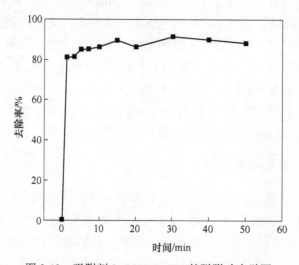

图 3-12 吸附剂 S15-NN-Fe-0.5 的脱附动力学图

参 考 文 献

[1] Sellner K G, Doucette G J, Kirkpatrick G J. Harmful algal blooms: Causes, impacts and detection [J]. J. Ind. Microbiol. Biotechnol. 2003, 30: 383~406.
[2] Morse G K, Brett S W, Guy J A, et al. Review: Phosphorus removal and recovery technologies [J]. Sci. Total Environ., 1998, 212: 69~81.
[3] Zhang G, Liu H, Liu R, et al. Removal of phosphate from water by a Fe-Mn binary oxide adsorbent [J]. J. Colloid Interface Sci., 2009, 335: 168~174.
[4] Ning P, Bart H J, Li B, et al. Phosphate removal from wastewater by model-La (III) zeolite adsorbents [J]. J. Environ. Sci., 2008, 20: 670~674.
[5] Zhao H S, Stanforth R. Competitive adsorption of phosphate and arsenate on goethite [J]. Environ. Sci. Technol., 2001, 35: 4753~4757.
[6] Gan F, Zhou J, Wang H, et al. Removal of phosphate from aqueous solution by thermally treated natural palygorskite [J]. Water Res., 2009, 43: 2907~2915.
[7] Li H, Ru J, Yin W, et al. Removal of phosphate from polluted water by lanthanum doped vesuvianite [J]. J. Hazard. Mater., 2009, 168: 326~330.
[8] Zeng L, Li X, Liu J. Adsorptive removal of phosphate from aqueous solutions using iron oxide tailings [J]. Water Res., 2004, 38: 1318~1326.
[9] Das J, Patra B S, Baliarsingh N, et al. Adsorption of phosphate by layered double hydroxides in aqueous solutions [J]. Appl. Clay Sci., 2006, 32: 252~260.
[10] Karageorgiou K, Paschalis M, Anastassakis G N. Removal of phosphate species from solution by adsorption onto calcite used as natural adsorbent [J]. J. Hazard. Mater., 2007, 139: 447~452.
[11] Onyango M S, Kuchar D, Kubota M, et al. Adsorptive removal of phosphate ions from aqueous solution using synthetic zeolite [J]. Ind. Eng. Chem. Res., 2007, 46: 894~900.
[12] Tian S, Jiang P, Ning P, et al. Enhanced adsorption removal of phosphate from water by mixed lanthanum/aluminum pillared montmorillonite [J]. Chem. Eng. J., 2009, 151: 141~148.
[13] Huang W, Wang S, Zhu Z, et al. Phosphate removal from wastewater using red mud [J]. J. Hazard. Mater., 2008, 158: 35~42.
[14] Ugurlu A, Salman B. Phosphorus removal by fly ash [J]. Environ. Int., 1998, 24: 911~918.
[15] Kostura B, Kulveitova H, Lesko J. Blast furnace slags as sorbents of phosphate from water solutions [J]. Water Res., 2005, 39: 1795~1802.
[16] Liao X P, Ding Y, Wang B, et al. Adsorption behavior of phosphate on metalions-loaded collagen fiber [J]. Ind. Eng. Chem. Res., 2006, 45: 3896~3901.
[17] Biswas B K, Inoue K, Ghimire K N, et al. Removal and recovery of phosphorus from water by means of adsorption onto orange waste gel loaded with zirconium [J]. Bioresour. Technol., 2008, 99: 8685~8690.
[18] Feng X, Fryxell G E, Wang L Q, et al. Functionalized momolayers on ordered mesoporous

supports [J]. Science. , 1997, 276: 923~926.
[19] Puanngam M, Unob F. Preparation and use of chemically modified MCM-41 and silica gel as selective adsorbents for Hg(II) ions [J]. J. Hazard. Mater. , 2008, 154: 578~587.
[20] Yoshitake H, Yokoi T, Tatsumi T. Adsorption behavior of arsenate at transition metal cations captured by amino-functionalized mesoporous silicas [J]. Chem. Mater. , 2003, 15: 1713~1721.
[21] Tang Y, Zong E, Wan H, et al. Zirconia functionalized SBA-15 as effective adsorbent for phosphate removal [J]. Micropor. Mesopor. Mater. , 2012, 155: 192~200.
[22] Janssen A H, Van Der Voort P, Koster A J, et al. Mercury (II) ion adsorption behavior in thiol-functionalized mesoporous silica microspheres [J]. Chem. Commun. , 2002, 1632~1633.
[23] Fan J, Lei J, Wang L, et al. Rapid andhigh-capacity immobilization of enzymes based on mesoporous silicas with controlled morphologies [J]. Chem. Commun. , 2003, 17: 2140~2141.
[24] Wang X, Lin K S K, Chan J C C, et al. Direct synthesis and catalytic applications of ordered large pore aminopropyl-functionalized SBA-15 mesoporous materials [J]. J. Phys. Chem. B. , 2005, 109: 1763~1769.
[25] Mori Y, Pinnavaia T J. Optimizing organic functionality in mesostructured silica: direct assembly of mercaptopropyl groups in wormhole framework structures [J]. Chem. Mater. , 2001, 13: 2173~2178.
[26] Beaudet L, Hossain K Z, Mercier L. Direct synthesis ofhybrid organic-inorganic nanoporous silica microspheres: Effect of temperature and organosilane loading on the nano-and micro-structure of mercaptopropyl-functionalized MSU silica [J]. Chem. Mater. , 2003, 15: 327~334.
[27] Zhu Y, Li H, Zheng Q, et al. Amine-functionalized SBA-15 with uniform morphology and well-defined mesostructure for highly sensitive chemosensors to detect formaldehyde vapor [J]. Langmuir. , 2012 (28): 7843~7850.
[28] Cassiers K, Linssen T, Mathieu M, et al. A detailed study of thermal, hydrothermal, and mechanical stabilities of a wide range of surfactant assembled mesoporous silicas [J]. Chem. Mater. , 2002, 14: 2317~2324.
[29] Yokoi T, Yoshitake H, Tatsumi T. Synthesis of amino-functionalized MCM-41 via direct co-condensation and post-synthesis grafting methods using mono-, di-and triamino - organoalkoxysilanes [J]. J. Mater. Chem. , 2004, 14: 951~957.
[30] Chouyyok W, Wiacek R J, Pattamakomsan K, et al. Phosphate removal by anion binding on functionalized nanoporous sorbents [J]. Environ. Sci. Technol. , 2010(44): 3073~3078.
[31] Zhang J, Shen Z, Shan W, et al. Adsorption behavior of phosphate on lanthanum (III)-coordinated diamino-functionalized 3D hybrid mesoporous silicates material [J]. J. Hazard. Mater. , 2011, 186: 76~83.
[32] Zhang J, Shen Z, Mei Z, et al. Removal of phosphate by Fe-coordinated amino-functionalized 3D mesoporous silicates hybrid materials [J]. J. Environ. Sci. , 2011, 23: 199~205.
[33] Zhang Y, Pan B, Shan C, et al. Enhanced phosphate removal by nanosized hydrated La (III)

oxide confined in cross-linked polystyrene networks [J]. Environ. Sci. Technol., 2016, 50: 1447~1454.

[34] Huang W, Yang J, Zhang Y. One-pot synthesis of mesoporous MCM-41 with different functionalization levels and their adsorption abilities to phosphate [J]. Adv. Mater. Res., 2012, 476~478: 1969~1973.

[35] Richer R, Mercier L. Direct synthesis of functionalized mesoporous silica by non-ionic alkyl polyethylene oxide surfactant assembly [J]. Chem. Commun., 1998, 16: 1775~1776.

[36] Margolese D, Melero J A, Christiansen S C, et al. Direct syntheses of ordered SBA-15 mesoporous silica containing chemistry of materials [J]. Chem. Mater., 2000, 12: 2448~2459.

[37] Chong A S M, Zha X S. Functionalization of SBA-15 with APTES and characterization of functionalized materials [J]. J. Phys. Chem. B, 2003, 107: 12650~12657.

[38] Choi D G, Yang S M. Effect of two step sol-gel reaction on the mesoporous silica structure [J]. J. Colloid Interface Sci., 2003, 261: 127~132.

[39] Hao S, Chang H, Xiao Q, et al. One-pot synthesis and CO_2 adsorption properties of ordered mesoporous SBA-15 materials functionalized with APTMS [J]. J. Phys. Chem. C., 2011, 115: 12873~12882.

[40] 郝仕油, 肖强, 钟依均, 等. 氨基功能化 SBA-15 的直接合成及其对 CO_2 的吸附性能研究 [J]. 无机化学学报, 2010, 26: 982~988.

[41] Pengthamkeerati P, Satapanajaru T, Clularuengoaksorn P. Chemical modification of coal fly ash for the removal of phosphate from aqueous solution [J]. Fuel., 2008, 87: 2469~2476.

[42] Ho Y S, McKay G. The kinetics of sorption of divalent metal ions onto sphagnum moss peat [J]. Water Res., 2000, 34: 735~742.

[43] Ho Y S, Mckay G. Pseudo-Second Order model for sorption processe [J]. Process Biochem., 1999, 34: 451~465.

[44] Gaslain F O M, DelacÔte C, Walcarius A, et al. One-step preparation of thiol-modified mesoporous silica spheres with various functionalization levels and different pore structures [J]. J. Sol-Gel Sci. Technol., 2009, 49: 112~124.

[45] Walcarius A, Etienne M, Lebeau B. Rate of access to the binding sites in organically modified silicates. 2. Ordered mesoporous silicas grafted with amine or thiol groups [J]. Chem. Mater., 2003, 15: 2161~2173.

[46] Zhao D, Feng J, Huo Q, et al. Triblock copolymer syntheses of mesoporous silica with periodic 50 to 300 angstrom pores [J]. Sci., 1998, 279: 548~552.

[47] Wang X G, Lin K S K, Chan J C, et al. Preparation of ordered large pore aminopropyl-functionalized SBA-15 mesoporous materials [J]. J. Phys. Chem. B., 2005, 109: 1763~1771.

[48] Shao Y F, Wang L Z, Zhang J L, et al. Novel synthesis of high hydrothermal stability and long-range order MCM-48 with a convenient method [J]. Micropor. Mesopor. Mater., 2005, 86: 314~322.

[49] Zhao D Y, Huo Q S, Feng J L, et al. Nonionic triblock and star diblock copolymer and oligomeric surfactant syntheses of highly ordered, hydrothermally stable, mesoporous silica structures [J]. J. Am. Chem. Soc., 1998, 120: 6024~6036.

[50] Scott R P W. Silica Gel & Bonded Phases: Their Production, Properties & Use in LC [M]. New York: Wiley Science, 1993.

[51] White L D, Tripp C P J. Reaction of (3-Aminopropyl) dimethyl ethoxysilane with amine catalysts on silica surfaces [J]. Colloid Interface Sci., 2000, 232: 400~407.

[52] Zhao D Y, Huo Q S, Feng J L, et al. Novel mesoporous silicates with two-dimensional mesostructure direction using rigid bolaform surfactants [J]. Chem. Mater., 1999, 11: 2668~2672.

[53] Wang X G, Lin K S K, Chan J C C, et al. Direct synthesis and catalytic applications of ordered large pore aminopropyl-functionalized SBA-15 mesoporous materials [J]. J. Phys. Chem. B., 2005, 109: 1763~1769.

[54] Kruk M, Jaroniec M, Sayari S. Adsorption study of surface and structural properties of MCM-41 materials of different pore sizes [J]. J. Phys. Chem. B., 1997, 101: 583~589.

[55] Yang P D, Deng T, Zhao D Y, et al. Hierarchically ordered oxides [J]. Science., 1998, 282: 2244~2246.

[56] Hsu Y C, Hsu Y T, Hsu H Y, et al. Facile synthesis of mesoporous silica sba-15 with additional intra-particle porosities [J]. Chem. Mater., 2007, 19: 1120~1126.

[57] Mercier L, Pinnavaia T J. Direct synthesis of hybrid organic-inorganic nanoporous silica by a neutral amine assembly route: structure-function control by stoichiometric incorporation of organosiloxane molecules [J]. Chem. Mater., 2000, 12: 188~196.

[58] Walcarius A, DelacÔte C. Rate of access to the binding sites in organically modified silicates [J]. Chem. Mater., 2003, 15: 4181~4192.

[59] Shin E W, Han J S, Jang M, et al. Phosphate adsorption on aluminum-impregnated mesoporous silicates: surface structure and behavior of adsorbents [J]. Environ. Sci. Technol., 2004, 38: 912~917.

[60] Ou E, Zhou J, Mao S, et al. Highly efficient removal of phosphate by lanthanum-doped mesoporous SiO_2 [J]. Colloids Surf. A., 2007, 308: 47~53.

[61] Perrin D D, Dempsey B. Buffers for pH and metal ions control [M]. London: Chapman & hall, 1974.

[62] Hamoudi S, Saad R, Belkacemi K. Adsorptive removal of phosphate and nitrate anions from aqueous solutions using ammonium-functionalized mesoporous silica [J]. Ind. Eng. Chem. Res., 2007, 46: 8806~8812.

[63] Mattigod S V, Fryxell G E, Parker K E. Anion binding in self-assembled monolayers in mesoporous supports (SAMMS) [J]. Inorg. Chem. Commum., 2007, 10: 646~648.

[64] Fryxell G E, Liu J, Hauser T A, et al. Design and synthesis of selective mesoporous anion traps [J]. Chem. Mater., 1999, 11: 2148~2154.

4 乙二胺功能化大孔-介孔吸附剂的合成及其除磷性能

自从 20 世纪 90 年代 M41S 材料的首次发现以来,介孔二氧化硅因其高比表面积、有序的介孔结构越来越受到研究者的青睐[1]。尤其是随着有机改性介孔二氧化硅技术的发展,可将有机官能团的功能化特点和介孔硅基体的优势最大限度地结合起来,从而使得功能化介孔材料的制备具有可裁剪设计性[2,3]。然而,当介孔表面的官能团较大或官能团分布较密集时,可能影响吸附质在孔道内的自由进出,从而限制吸附速率和吸附量[4]。即使有些研究者选用孔道较相对较大的 SBA-15,也会因为其较长的孔道和孔道中存在的弯曲而影响吸附质在孔内的传质和转弯[5]。针对以上问题,研究者开发和制备了具有大孔-介孔层次孔结构的材料,即在介孔材料中引入大孔,从而改善吸附质在介孔材料中的传质问题[3,6]。

本章拟制备 Fe(Ⅲ)-络合乙二胺功能化的大孔-介孔层次结构吸附剂和 Al(Ⅲ)-络合乙二胺功能化的大孔-介孔层次结构吸附剂。大孔的引入有望作为快速传质的媒介,使得磷酸根可快速到达 Fe^{3+}-乙二胺吸附位点或 Al^{3+}-乙二胺吸附位点,从而进一步改善功能化介孔吸附剂的除磷性能。

4.1 实验方法

4.1.1 Fe(Ⅲ)-络合乙二胺功能化的大孔-介孔吸附剂的制备

首先制备单分散聚苯乙烯微球(PS),将 0.083g 过硫酸钾溶解在 6.0mL 去离子水中,加热到 70℃。同时,使用 0.10mol/L NaOH 溶液和去离子水将 25.0mL 的苯乙烯和 4.75mL 的二乙烯基苯在漏斗中洗涤三次。随后,将苯乙烯和二乙烯基苯转移到 500mL 烧瓶中,再加入过硫酸钾引发苯乙烯聚合,聚合 15h 后,过滤,用去离子水和乙醇洗涤 3 次,获得样品 PS[7]。将上述制备的 PS 球作为硬模板剂,在合成介孔 SBA-15 材料时按不同比例添加(PS/硅酸四乙酯(TEOS)质量比等于 0、1 和 4),从而在介孔 SBA-15 中制造大孔结构。所合成的大孔-介孔层次结构材料作为母体,分别记为 SBA-15、MM-SBA15-1 和 MM-SBA15-4。

采用后嫁接方法对以上三种母体分别嫁接乙二胺官能团。具体的实验步骤如下：将 1.0g 上述合成材料加入 30.0mL 甲苯中，加入 1.0mL 乙二胺硅烷偶联剂（AAPTS），于油浴中 130℃ 回流 24h，水洗，醇洗后室温干燥。将改性后的吸附剂用 0.10mol/L Fe(NO$_3$)$_3$ 处理 2h 后过滤，水洗，异丙醇洗，真空干燥 12h 后备用。按照合成过程中 PS 投加量的不同，即 PS/TEOS=0、1 和 4，所合成的吸附剂分别命名为 SBA-NN-Fe、SBA-NN-Fe-1 和 SBA-NN-Fe-4。对所制备的吸附剂采用 SEM、TEM、XRD、FTIR 和 BET 等分析测试手段进行表征。

4.1.2 Al(Ⅲ)-络合乙二胺功能化的大孔-介孔吸附剂的制备

Al(Ⅲ)-络合乙二胺功能化大孔-介孔层次结构吸附剂的制备步骤同上。采用后嫁接法进行乙二胺功能化之后，将乙二胺功能化的大孔-介孔层次结构材料放于 0.10mol/L Al(NO$_3$)$_3$ 溶液中振荡 2h，过滤、水洗、醇洗、真空干燥后备用。对所制备的吸附剂采用 SEM、TEM、XRD、FTIR 和 BET 等分析测试手段进行表征。

4.2 吸附剂的表征结果

4.2.1 吸附剂母体

图 4-1 所示为所合成 PS 球的 TEM 图。从图中可见，所合成的 PS 微球为均匀的单分散球，直径大约为 400nm。

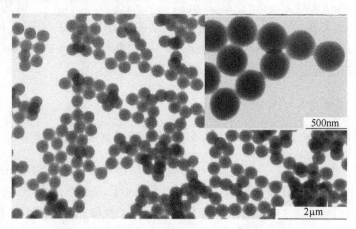

图 4-1 所制备的 PS 球的不同放大倍数 TEM 图

图 4-2 所示为吸附剂母体的 XRD 图，从图中可见样品 SBA-15 在 2θ 为 $0.5°\sim3°$ 之间存在一个高强度的衍射峰（100）和两个较弱衍射峰（110）和（200），说明所合成的介孔材料中具有高度有序的六方介孔结构。随着加入 PS 球量的增加（PS/TEOS 质量比为 1 和 4），所对应样品为 MM-SBA15-1 和 MM-SBA15-4，其衍射峰的强度逐渐减弱，说明 PS 的加入改变了介孔的有序性。

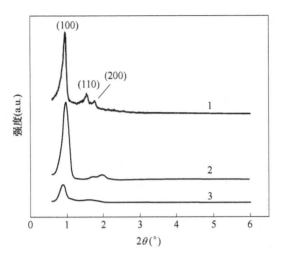

图 4-2 吸附剂的 XRD 图
1—SBA-15；2—MM-SBA15-1；3—MM-SBA15-4

图 4-3 所示为吸附剂母体的 N_2 吸附—脱附热力学曲线和它们对应的 BJH 孔径分布曲线。从图 4-3(a) 中可见，吸附剂的母体分别具有Ⅳ型吸附—脱附热力学曲线并且带有 H1 型滞后环，说明所合成的样品为有序均匀的介孔结构。而随着 PS 的加入，滞后环逐渐变小，并且移向低压力方向，说明介孔的孔径逐渐变小。这一变化在所对应的 BJH 孔径分布图中清晰可见，如图 4-3(b) 所示。样品 MM-SBA15-1 的孔径约为 7.5nm，而样品 MM-SBA15-4 的孔径只有 5.5nm。可见，大孔的引入导致介孔孔径的缩小。

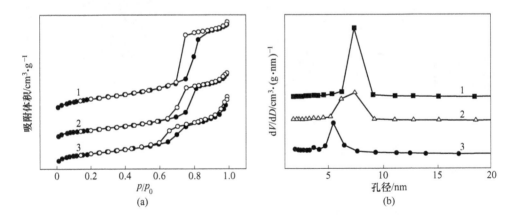

图 4-3 吸附剂的 N_2 吸附—脱附图 (a) 和孔径分布图 (b)
1—SBA-15；2—MM-SBA15-1；3—MM-SBA15-4

4.2.2 Fe(Ⅲ)-络合乙二胺功能化的大孔-介孔吸附剂

图 4-4 所示为样品 SBA-NN-Fe、SBA-NN-Fe-1 和 SBA-NN-Fe-4 的 SEM 和 TEM 图。从图 4-4(a) 中可见，SBA-NN-Fe 样品具有典型的 SBA-15 绳状形貌[8]。而 PS 的加入改变了 SBA-NN-Fe-1 形貌，尤其当 PS 的加入量为 PS/TEOS=4 时，所合成的样品具有均匀的大孔网状结构，该形貌完全不同于 SBA-15。并且，TEM 图（见图 4-4(b)）进一步展示了所合成样品的内部结构，样品 SBA-NN-Fe 具有典型的 SBA-15 所具有的六方有序介孔结构。而对于样品 SBA-NN-Fe-1 和 SBA-NN-Fe-4，虽然仍保持介孔结构，但是介孔的有序性因大孔的加入而被改变。尤其在样品中，大孔作为中心孔道连接着整个样品成为网状结构，而大孔的孔壁则由高度有序的介孔通道连接而成。这种大孔为中心，介孔为孔壁的特殊层次结构材料，可能是 P123 和 TEOS 在 PS 表面通过静电和氢键作用自组装而形成的[7]。

图 4-4 吸附剂的 SEM(a) 和 TEM(b) 图

图 4-5 所示为吸附剂 SBA-NN-Fe、SBA-NN-Fe-1 和 SBA-NN-Fe-4 的 XRD、FTIR、BET 和对应的 BJH 曲线图。从图 4-5(a) 中可见，样品在 2θ 为 $0.5°\sim3°$ 之间都存在一个较高强度的衍射峰（100）和两个较弱衍射峰（110）和（200），说明所合成的介孔材料中具有有序的六方介孔结构。然而相对于其母体的 XRD 图，所有的衍射峰都有所下降，这可能是因为后嫁接过程中在孔道表面嫁接了乙二胺官能团，并且 Fe^{3+} 的络合也可能使得其孔道结构发生变化。图 4-5(b) 为吸附剂的红外光谱，从图中可见在波长分别为 $1080cm^{-1}$、$800cm^{-1}$ 和 $465cm^{-1}$ 处出

现的吸收峰对应 Si—O—Si 的对称和不对称振动,说明样品的基体为二氧化硅[9]。此外,在波长为 1408cm^{-1} 处的吸收峰对应—NH$_2$ 的振动吸收[9],而在 2900~3000cm^{-1} 之间的吸收峰对应烷基 C—H 的伸缩振动,由此可证实乙二胺功能团已经成功地嫁接到介孔吸附剂中。从图 4-5(c) 中可见,吸附剂都具有Ⅳ型吸附—脱附热力学曲线并且带有 H1 型滞后环,说明吸附剂样品仍然保持了有序均匀的介孔结构。然而相对于其母体的吸附—脱附热力学,其滞后环变小。从图 4-5(d) 中也可知,吸附剂 SBA-NN-Fe 的孔径约为 6nm,而 SBA-NN-Fe-4 的孔径则约为 4.8nm,以上孔径值分别较其母体变小,其原因是所嫁接的乙二胺功能团及随后的 Fe^{3+} 络合占据了孔道,导致其孔径变小。

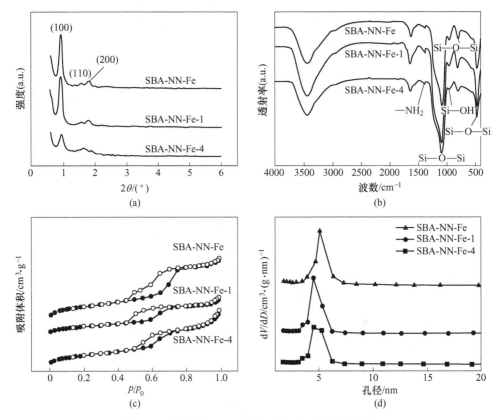

图 4-5 吸附剂的 XRD 图谱 (a)、红外图谱 (b)、
N$_2$ 吸附—脱附热力学曲线图 (c) 和 BJH 孔径分布图 (d)

4.2.3 Al(Ⅲ)-络合乙二胺功能化的大孔-介孔吸附剂

图 4-6(a) 所示为样品 M-SBA 和 MM-SBA 的 XRD 图谱,从图中可见,样品 M-SBA 在 2θ 为 0.5°~3°之间存在一个较高强度的衍射峰 (100) 和两个较弱衍射

峰（110）（200），说明所合成的吸附剂中具有高度有序的六方介孔结构[5]。而样品 MM-SBA 同样也有以上三个特征衍射峰，但是峰的强度更弱。图 4-6（b）所示为样品 M-SBA 和 MM-SBA 的 FT-IR 图谱，从图中可见两个吸附剂样品中都存在波长为 $1082cm^{-1}$、$803cm^{-1}$ 和 $466cm^{-1}$ 吸收峰，对应 Si—O—Si 的对称和不对称振动，说明样品中含有二氧化硅基体[9]。此外，在波长为 $961cm^{-1}$ 处出现的吸收峰对应未参加嫁接反应的 Si—OH 基团[8]。而在波长为 $1408cm^{-1}$ 和 $1635cm^{-1}$ 处的吸收峰对应—NH_2 的振动吸收[9]，该吸收峰的出现可证实乙二胺功能团已经成功地嫁接到介孔吸附剂中。图 4-6（c）所示为样品 M-SBA 和 MM-SBA 的 N_2 吸附-脱附热力学曲线，图中所插入的小图对应样品的 BJH 孔径分布曲线。根据 IUPAC 的分类，吸附剂都具有Ⅳ型吸附—脱附热力学曲线并且带有 H1 型滞后环，说明吸附剂样品仍然保持了有序均匀的介孔结构[10~12]。

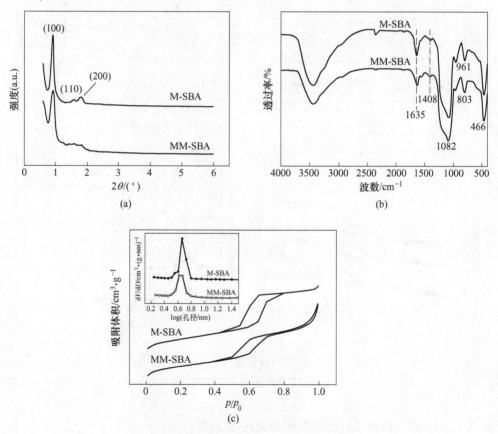

图 4-6　吸附剂的 XRD 图谱（a），FT-IR 图谱（b），
N_2 吸附—脱附热力学曲线图和 BJH 孔径分布图（c）

表 4-1 列出了两个样品的结构性能参数,其中样品 M-SBA 的比表面积、孔径和孔容值分别为 219m²/g、4.98nm 和 0.32cm³/g,而样品 MM-SBA 的比表面积、孔径和孔容值则分别为 187m²/g、4.67nm 和 0.31cm³/g。可见,相对于样品 M-SBA,样品 MM-SBA 具有相似的 N_2 吸附—脱附热力学曲线和结构性能参数;然而在 N_2 吸附—脱附热力学曲线的高压力区,即压力高于 $p/p_0 = 0.9$ 时,样品 MM-SBA 有一个新的滞后环,可能是因为样品中存在一定量的大孔[20]。

表 4-1 吸附剂 MM-SBA 和 M-SBA 结构参数

样品	结构参数		
	$S_{BET}/m^2 \cdot g^{-1}$	D_{BJH}/nm	$V_{总}/cm^3 \cdot g^{-1}$
M-SBA	219	4.98	0.32
MM-SBA	187	4.67	0.31

图 4-7 所示为样品 M-SBA 和 MM-SBA 的 SEM 和 TEM 图。从图 4-7(a) 中可见样品 M-SBA 具有典型的 SBA-15 绳状形貌[8]。而 PS 的加入改变了样品的形貌,所合成的样品 MM-SBA 具有均匀的大孔网状结构,该形貌完全不同于 SBA-15。TEM 图进一步展示了所合成样品的内部结构,样品 M-SBA 具有典型的 SBA-15 所具有的六方有序介孔结构(见图 4-7(c))。而对于样品 MM-SBA,开放的大孔作为中心孔道连接着整个样品成为网状结构,而大孔的孔壁则由高度有序的介孔通道连接而成(见图 4-7(d))。图 4-7(d) 中白色箭头所表示的是大孔的孔径,约为 400nm,与模板 PS 球的大小相仿,说明合成过程中正是以 PS 作为硬模板而形成的。其介孔孔径大小(图 4-7(d) 白色箭头所示)与样品 M-SBA 中介孔的孔径大小(图 4-7(c) 白色箭头所示)相比,明显更小,并且介孔的孔道呈一定程度的弯曲,可能是 P123 和 TEOS 在 PS 表面通过静电和氢键作用自组装时受到表面张力的作用而导致的。

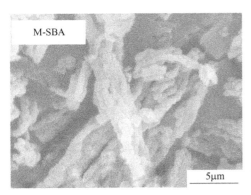

(a)

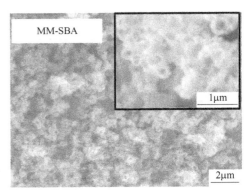

(b)

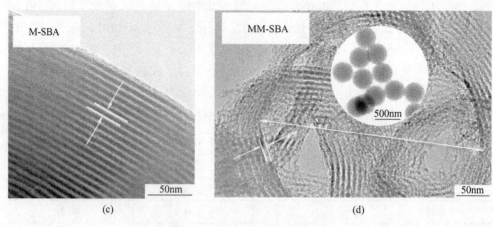

图 4-7 吸附剂的 SEM(a, b) 和 TEM (c, d) 图
((d) 图中插图为 PS 模板 TEM 图)

4.3 Fe(Ⅲ)-络合乙二胺功能化的大孔-介孔吸附剂的除磷性能

4.3.1 吸附等温线

图 4-8 所示为吸附剂的热力学曲线的 Langmuir 和 Freundlich 模型的模拟，表 4-2 为曲线拟合后的常数。从图 4-8 和表 4-2 可见，Langmuir 和 Freundlich 模型都可以描述实验数据（$R^2 > 0.92$）。其中吸附剂 SBA-NN-Fe-4 的最大吸附量为 12.7mg/g，均大于样品 SBA-NN-Fe 和 SBA-NN-Fe-1 的最大吸附量。可见，大孔结构的引入可提高介孔材料的吸附量，其原因主要是该大孔-介孔层次结构有利于水溶液中的磷酸根到达介孔孔道中的各个活性位点，从而提高吸附效率。

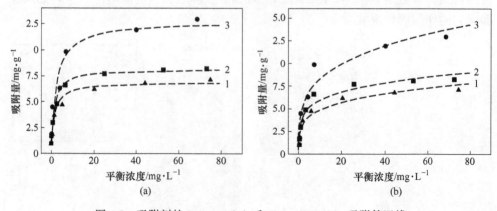

图 4-8 吸附剂的 Langmuir(a) 和 Freundlich(b) 吸附等温线
1—SBA-NN-Fe；2—SBA-NN-Fe-1；3—SBA-NN-Fe-4

表 4-2 吸附剂的 Langmuir 和 Freundlich 吸附等温线拟合参数

样品	Langmuir			Freundlich		
	$q_0/\text{mg} \cdot \text{g}^{-1}$	$K_L/\text{L} \cdot \text{mg}^{-1}$	R^2	n	$K_F/\text{mg} \cdot \text{g}^{-1}$	R^2
SBA-NN-Fe	6.8	0.755	0.958	4.4	2.9	0.936
MM-SBA-NN-Fe-1	8.1	0.752	0.977	4.9	3.7	0.921
MM-SBA-NN-Fe-4	12.7	0.405	0.946	3.8	4.6	0.949

4.3.2 pH 值对吸附的影响

图 4-9 所示为样品 SBA-NN-Fe、SBA-NN-Fe-1 和 SBA-NN-Fe-4 在不同初始 pH 值 2.0~11.0 的吸附量的变化比较图,从图中可见,在 pH 值为 3.0~6.0 之间时,吸附剂的吸附量均较高,其中 SBA-NN-Fe-4 的吸附量最高,在 9mg/g 附近波动。而在 pH 值为 2.0 时吸附量下降,尤其当 pH 值在 6.0~11.0 时,吸附量几乎降到接近 1mg/g。这主要是因为磷酸根为多质子酸,在不同 pH 值的水溶液中分别以 $H_2PO_4^-$、HPO_4^{2-} 和 PO_4^{3-} 方式存在。当溶液的 pH 值小于 2.13 时,溶液中的磷酸根以中性 H_3PO_4 存在,与 Fe 活性中性作用力较弱,并且 Fe^{3+} 在该情况下很可能会浸出,从而吸附量较低。当 pH 值在 2.13~7.20 时,溶液中的磷酸根主要为 $H_2PO_4^-$,吸附剂在 pH 值为 3.0~6.0 时具有较高的吸附量,说明 Fe^{3+}-乙二胺络合吸附中心对一价磷酸根 $H_2PO_4^-$ 具有较好的捕获能力。当 pH 值在 7.2~11.0 之间时,溶液中的磷酸根主要为 HPO_4^{2-},但由于 pH≥7.0 时溶液中 OH^- 的含量也增大,HPO_4^{2-} 和 OH^- 都为负价离子,因此存在竞争吸附,从而导致吸附剂的吸附量下降。

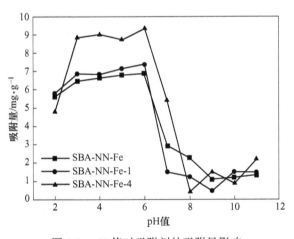

图 4-9 pH 值对吸附剂的吸附量影响

4.3.3 吸附动力学

图4-10所示为吸附剂SBA-NN-Fe-4的吸附动力学拟合图,从图中可见,吸附剂在1min内的吸附量可达到8.4mg/g,即约有92.5%的磷酸根已经被去除,可见吸附速率较高。并且对吸附剂的动力学模拟可知,准二级动力学模型可以很好地描述其动力学过程(相关性系数为$R^2=0.9995$);然而,准一级动力学的模拟相关性系数很低($R^2=0.2744$),可见该吸附为化学吸附。

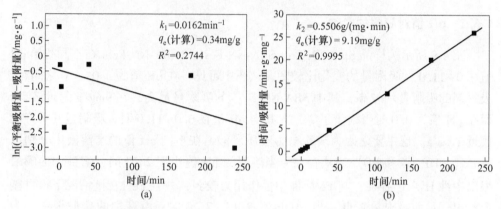

图4-10 吸附剂SBA-NN-Fe-4的准一级动力学(a)和准二级动力学(b)拟合图

4.3.4 干扰离子的影响

图4-11所示为干扰离子F^-、Cl^-、NO_3^-、SO_4^{2-}和HCO_3^-等对吸附剂的影响,从图中可见,没有干扰离子时,吸附剂的吸附量约为8.5mg/g;存在干扰离子

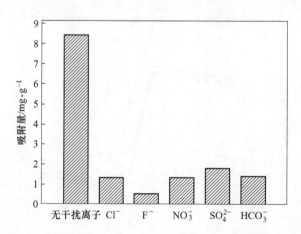

图4-11 干扰离子对吸附剂SBA-NN-Fe-4的吸附量影响

时，吸附量急剧下降。尤其是一些较小尺寸的离子如 F^-、Cl^- 和 NO_3^- 等对吸附剂的吸附量影响反而更大，这和文献所报道的干扰离子对介孔材料的影响完全不同。这说明所合成的这种大孔-介孔层次结构的吸附剂因为大孔的存在使得离子的进出非常便利，一些相对较小的离子反而具有更强的竞争吸附能力。

4.4 Al(Ⅲ)-络合乙二胺功能化的大孔-介孔吸附剂的除磷性能

4.4.1 吸附等温线及模拟

图 4-12 所示为吸附剂 M-SBA 和 MM-SBA 的 Langmuir 和 Freundlich 热力学曲线，曲线拟合的常数见表 4-3。从图 4-12 和表 4-3 中可见，Langmuir 和 Freundlich 模型都可以描述实验数据，其中 Langmuir 模型的相关性系数（$R^2 \approx 0.94$），而 Freundlich 相关性系数（$R^2 \approx 0.98$），可见 Freundlich 模型能更好地描述吸附过程，说明吸附剂的吸附机理是非单分子层吸附。从表 4-3 可见，吸附剂 MM-SBA 的 Langmuir 最大吸附量为 23.59mg/g，大于样品 MM-SBA 的 Langmuir 最大吸附量 16.21mg/g。可见，该吸附剂的大孔-介孔层次结构有利于水溶液中的磷酸根到达介孔孔道中的各个活性位点，从而提高介孔材料的吸附量。

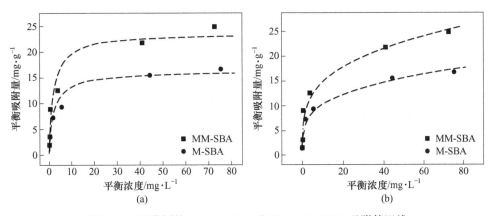

图 4-12 吸附剂的 Langmuir(a) 和 Freundlich(b) 吸附等温线

表 4-3 吸附剂的吸附等温线拟合参数

样品	Langmuir			Freundlich		
	q_0/mg·g^{-1}	K_L/L·mg^{-1}	R^2	n	K_F/mg·g^{-1}	R^2
M-SBA	16.21	0.449	0.944	3.88	5.69	0.978
MM-SBA	23.59	0.498	0.941	3.73	7.99	0.977

4.4.2 吸附动力学

图 4-13 所示为吸附剂 M-SBA 和 MM-SBA 的吸附动力学对比图，从图中可见，吸附剂 MM-SBA 在 1min 内对磷酸根的去除率可达 95%，而对于 M-SBA，其 1min 内对磷酸根的去除率只有 79%。可见，大孔在结构中起了连接媒介作用，使得吸附质可以快速地到达吸附位点，从而提高吸附速率。

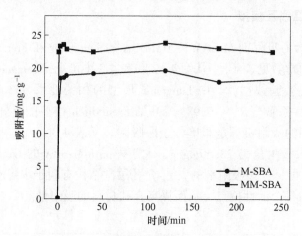

图 4-13 吸附剂的吸附动力学对比

参 考 文 献

[1] Morse G K, Brett S W, Guy S W, et al. Review: Phosphorus removal and recovery technologies [J]. Sci. Total Environ., 1998, 212 (1): 69~81.

[2] Feng X, Fryxell G E, Wang L Q, et al. Functionalized monolayers on ordered mesoporous supports [J]. Science., 1997, 276: 923~926.

[3] Chouyyok W, Wiacek R J, Pattamakomsan K, et al. Phosphate removal by anion binding on functionalized nanoporous sorbents [J]. Environ. Sci. Technol., 2010, 44 (8): 3073~3078.

[4] Yuan Z Y, Su B L. Insights into hierarchically meso-macroporous structured materials [J]. J. Mater. Chem., 2006, 16 (7): 663~667.

[5] Garg S, Soni K, Kumaran G M, et al. Acidity and catalytic activities of sulfated zirconia inside SBA-15 [J]. Catal. Today., 2009, 141: 125~129.

[6] Ma X, Li L, Yang L, et al. Adsorption of heavy metal ions using hierarchical $CaCO_3$-maltose meso/macroporous hybrid materials: Adsorption isotherms and kinetic studies [J]. J. Hazard. Mater., 2012, 209: 467~677.

[7] Dhainaut J, Dacquin J, Lee A F, et al. Hierarchical macroporous-mesoporous SBA-15 sulfonic acid catalysts for biodiesel synthesis [J]. Green. Chem., 2010, 12 (2): 296~303.

[8] Zhao D Y, Feng J L, Huo Q S, et al. Triblock copolymer syntheses of mesoporous silica with

periodic 50 to 300 angstrom pores [J]. Science. , 1998, 279: 548~552.

[9] Chong A S M, Zhao X S. Functionalization of SBA-15 with APTES and characterization of functionalized materials [J]. J. Phys. Chem. B. , 2003, 107 (46): 12650~12657.

[10] Kruk M, Jaroniec M, Sayari A. Application of large pore MCM-41 molecular sieves to improve pore size analysis using nitrogen adsorption measurements [J]. Langmuir. , 1997, 13 (23): 6267~6273.

[11] Perrin D D, Dempsey B. Buffers for pH and Metal Ion Control [M]. New York: John Wiley & Sons, 1979.

[12] Zhang J, Shen Z, Shan W, et al. Adsorption behavior of phosphate on lanthanum (Ⅲ)-coordinated diamino-functionalized 3D hybrid mesoporous silicates material [J]. J. Hazard. Mater. , 2010, 186 (1): 76~83.

5 氧化镧负载空心介孔微球和花状介孔微球吸附剂的合成及其除磷性能

空心介孔微球和花状介孔微球是一类具有层次多孔结构的介孔材料，该材料往往具有较高比表面积、低密度和可渗透性，因此在光电、磁性、医药和储能等领域具有潜在的应用价值，近年来受到越来越多研究者的关注[1~3]。自从20世纪90年代首次合成介孔MCM-41材料以来，介孔二氧化硅因其高比表面积、有序的介孔结构和可控的介孔孔道（2~5nm）而受到研究者的青睐[4,5]。近年来，研究者将介孔材料和空心纳米微球相结合，制备了介孔空心微球（HMS），其具有大小可控的空心结构，壳层由有序的介孔通道组成，并且壳层的厚度可控。这种含有大孔-介孔的层次结构材料，结合了空心微球和介孔材料的共同优势[6~8]。花状介孔二氧化硅微球（FMS）具有独特的孔结构，球心处孔道狭窄，微球表面具有较大敞开介孔。与传统的介孔材料，（如SBA-15或MCM-41）相比，花状介孔微球是一类很有前途的基体材料。因此，HMS和FMS材料的开发利用成为药物控释、催化和吸附等领域的研究热点[9~13]。

为了找到高效的除磷吸附剂，研究者开发和报道了多种吸附剂[14~31]。其中金属元素的负载或改性，是获得高效吸附剂的有效手段[32~34]。与铝、铁和锆等相比，金属镧在除磷吸附剂的改性上具有无可比拟的优势，比如改性的吸附剂具有更高吸附容量和更广泛的pH值操作范围[35~37]。近几年，镧（La）改性的介孔二氧化硅吸附材料在除磷方面的研究取得了一定的进展[38~46]。例如，Yang等人发现镧负载的SBA-15介孔材料具有相对更好的吸附性能，其磷的最大吸附量可高达45.63mg/g，并且吸附后的磷酸根以针状晶体的形式存在介孔中，从而可避免吸附后的后处理。同时，镧在吸附过程中不易浸出，因此具有良好的应用潜力[46]。本章拟合成一系列镧负载的空心介孔微球和花状介孔微球吸附剂并系统研究该吸附剂的除磷性能。

5.1 实验方法

5.1.1 氧化镧负载空心介孔微球吸附剂

采用乳液聚合法制备单分散聚苯乙烯微球（PS），以苯乙烯和二乙烯基苯为原料，采用0.10mol/L NaOH溶液和去离子水洗涤纯化，以去除抑制剂和残留物质。将25.0mL的苯乙烯和4.75mL的二乙烯基苯转移到500mL烧瓶中，加入引发剂过硫酸钾，水浴加热到70℃，聚合15h后，过滤，用去离子水和乙醇洗涤3次，获得样品PS[47]。通过TEM表征，所制备的PS球为均匀的单分散球，其尺寸为400nm±20nm。空心介孔微球（HMS）的合成采用文献方法[48]：1.0g PS超声分散在含有0.20g聚乙烯吡咯烷酮的24g去离子水中，获得溶液A。9.6g去离子水，20.0mL乙醇和2.5mL氢氧化铵形成溶液B。在室温剧烈搅拌下，将溶液A滴加到溶液B中。超声10min，磁力搅拌30min，滴加1.5mL正硅酸乙酯，继续室温搅拌24h。离心，洗涤，干燥，进而在600℃下煅烧6h获得HMS。

氧化镧负载空心介孔吸附剂的制备采用乙醇蒸发法[49]，具体的实验步骤如下：0.5g上述合成的空心介孔微球（HMS）加入到100mL的无水乙醇溶液中，加入不同量La(NO$_3$)$_3$·6H$_2$O作为氧化镧的前驱体。混合液先在60℃搅拌24h后，升温到80℃使乙醇完全蒸发，收集粉体后放于管式炉中，以1℃/min的速率缓慢升温至550℃煅烧5h。所获得的样品记为HMS-x，x为初始溶液中镧/硅摩尔比。因此，所合成的吸附剂分别记为HMS-1/50、HMS-1/25、HMS-1/10和HMS-1/5，分别对应镧/硅摩尔比为1/50、1/25、1/10和1/5的吸附剂。同时，将未负载氧化镧的HMS作为空白样进行对照。

5.1.2 氧化镧负载花状介孔微球吸附剂

按照文献方法制备花状介孔微球（FMS），其制备过程如图5-1所示。具体方法如下：1.5mL的戊醇溶解在30mL的环己烷中，添加2.7mL TEOS形成溶液A；1.87g CTAB和0.6g尿素溶解到30mL去离子的水中形成溶液B；然后将溶液B在剧烈搅拌下快速添加到溶液A中；搅拌30min后，将混合物转移到聚四氟乙烯内衬的高压釜中，在120℃下加热4h；自然冷却后，将混合物离心分离，用丙酮和去离子水洗涤，并在烘箱中干燥。将样品放于管式炉中550℃煅烧6h后获得花状介孔微球。氧化镧负载花状介孔微球吸附剂的制备方法同上，根据镧/硅摩尔比1/50、1/25、1/10、1/5得到了四个不同理论镧/硅摩尔比的吸附剂，分别记为FMS-0.02La、FMS-0.04La、FMS-0.1La和FMS-0.2La。

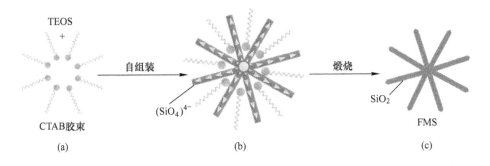

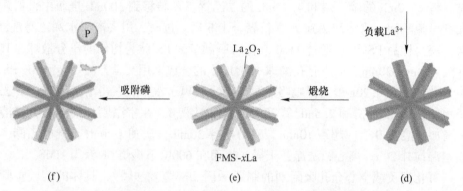

图 5-1　氧化镧负载花状介孔微球的制备过程和吸附除磷过程示意图

5.2　吸附剂的表征结果分析

5.2.1　氧化镧负载空心介孔微球吸附剂

图 5-2（a）为样品 HMS、HMS-1/50、HMS-1/25、HMS-1/10 和 HMS-1/5 的 XRD 图，从图中可见空白样品在 2θ 值为 2.54°处有 MCM-41 的（100）衍射峰，说明样品为有序介孔结构[50]。随着镧/硅摩尔比从 1/50 增加到 1/5，（100）衍射峰的强度逐渐减弱，并且向高角度方向移动，说明晶格常数变小。表 5-1 列出了吸附剂的 d_{100} 晶面间距和（100）晶面的晶格常数 a_0，从表中可见，空白样品 HMS 的晶面间距为 3.48nm，晶格常数 a_0 为 4.02nm。根据孔径值（3.09nm）和孔间距，可估算出 HMS 的孔壁厚度约为 0.39nm。随着镧/硅摩尔比的增大，d_{100} 晶面间距和（100）晶面的晶格常数 a_0 分别减小，说明随着氧化镧负载量的增加，介孔的孔道被逐渐占据，并且在煅烧过程中可能导致介孔结构的部分破坏[51~53]。

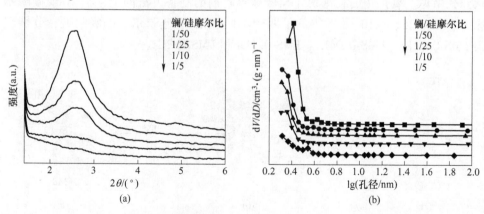

图 5-2　空心介孔微球吸附剂的 XRD 图（a）和 BJH 孔径分布图（b）

表 5-1 吸附剂的结构特征

样品	S_{BET} /m²·g⁻¹	D /nm	$V_{总}$ /cm³·g⁻¹	d_{100} 晶面间距① /nm	$a_0$②/nm	镧含量(质量分数)③ /%
HMS	1142.12	3.09	0.67	3.48	4.02	0
HMS-1/50	987.48	2.84	0.55	3.42	3.95	4.19
HMS-1/25	849.36	2.80	0.44	3.39	3.91	7.09
HMS-1/10	538.08	2.74	0.31	3.38	3.90	17.80
HMS-1/5	420.38	2.46	0.26	3.34	3.85	22.44

①由样品 XRD 谱图中（100）晶面的布拉格反射确定的晶面间距；
②根据公式 $a_0 = 2d/\sqrt{3}$ 计算的晶胞参数；
③通过对每个样品的 EDX 分析获得的 La 含量（每个样品选择 3 个点取平均值）。

样品 HMS、HMS-1/50、HMS-1/25、HMS-1/10 和 HMS-1/5 的 N_2 吸附—脱附热力学数据，如 BET 比表面积 S_{BET}、孔径 D 和总孔容 $V_{总}$ 见表 5-1。图 5-2(b) 为样品对应的 BJH 孔径分布曲线。从表 5-1 中可知，样品 HMS 的比表面积 S_{BET} 高达 1142.12m²/g，孔径 D 和总孔容 $V_{总}$ 分别为 3.09nm 和 0.67cm³/g。随着负载量的增加，比表面积逐渐减小，如样品 HMS-1/50 的为 987.48m²/g，而样品 HMS-1/5 的为 420.38m²/g。其孔径值也从样品 HMS-1/50 的 2.84nm 减小到样品 HMS-1/5 的 2.46nm。孔径变化的这一趋势可从图 5-3 中进一步证实。以上结论一方面表明，氧化镧负载量的增加导致吸附剂比表面积、孔径和孔容的减少，也说明氧化镧已经成功地负载在吸附剂上。并且，根据表 5-1 所列的 EDS 结果可知，样品中镧的质量分数从 4.19% 增加到 22.44%，进一步证实镧已经成功地负载在空心介孔吸附剂上。

图 5-3 所示为空心介孔微球吸附剂的 SEM 图，从图中可见，样品 HMS 为均匀的球状，大小约为 450nm。样品 HMS-1/50、HMS-1/25、HMS-1/10、HMS-1/5 的形貌与 HMS 一致。可见，负载氧化镧后的样品仍然保持了 HMS 的形貌。

图 5-4 所示为样品的 TEM 图。从图 5-4(a)~(d) 可知，样品 HMS 为具有核-壳结构的空心微球，其大孔位于微球的空心结构中，大小约为 400nm，与 PS 微球的大小相一致。从放大倍数较大的 TEM 图中可见，空心微球的壳状结构由介孔组成，这跟 XRD 所获得的结果相一致。从图 5-4(d) 可知壳的厚度约为 50nm。而样品 HMS-1/50、HMS-1/25、HMS-1/10、HMS-1/5 的形貌与 HMS 类似，也为核-壳结构的空心微球，可见，氧化镧负载后的样品，仍然保持了空心介孔微球的结构。对比其壳层，其介孔孔径呈逐渐缩小趋势，如图 5-4(e)~(f) 所示，进一步证实了氧化镧负载在介孔孔道内，与表 5-1 中比表面积分析结果一致。

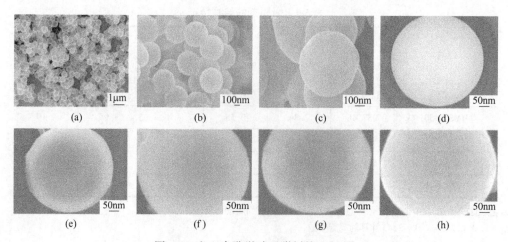

图 5-3　空心介孔微球吸附剂的 SEM 图

(a)~(d) HMS；(e) HMS-1/50；(f) HMS-1/25；(g) HMS-1/10；(h) HMS-1/5

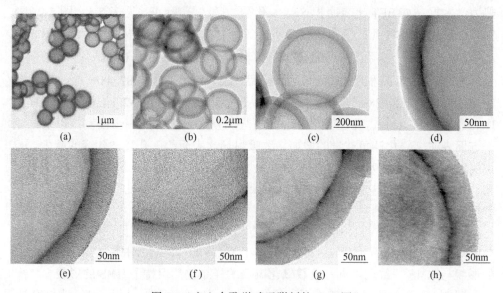

图 5-4　空心介孔微球吸附剂的 TEM 图

(a)~(d) HMS；(e) HMS-1/50；(f) HMS-1/25；(g) HMS-1/10；(h) HMS-1/5

5.2.2　氧化镧负载花状介孔微球吸附剂

图 5-5 所示为纯 FMS 和不同镧负载量的 FMS-xLa（x = 0.02、0.04、0.1、0.2）的 SEM 图像和 XRD 图谱。从图 5-5(a)~(e) 可知，所有样品由平均粒径约 300nm 的均匀单分散球体组成。FMS 和 FMS-xLa 系列样品的形成机理如图 5-1 所示。在合成微乳液体系中，CTAB 首先组装成花状模板，同时尿素水解和

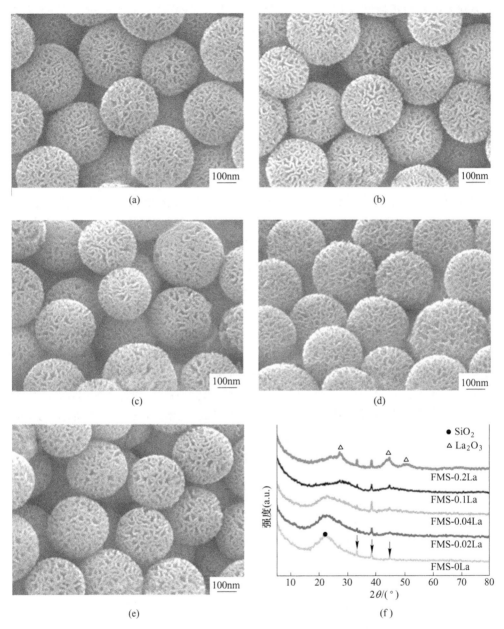

图 5-5　花状介孔微球的 SEM 图（a）~（e）和 XRD 谱图（f）
(a) FMS；(b) FMS-0.02La；(c) FMS-0.04La；(d) FMS-0.1La；(e) FMS-0.2La
（图（f）中黑色箭头表示的峰值来自 Al_2O_3 背景）

TEOS 电离后产生的带负电荷的硅酸盐分子排列在 CTAB 模板分子之间[23,24]；然后通过加热使硅酸盐凝结形成花状介孔二氧化硅材料前驱体，进而在 550℃ 高温下去除CTAB模板后获得花状介孔二氧化硅微球(FMS)。进而通过La^{3+}的浸渍和煅烧获得氧化镧负载的花状介孔微球FMS-xLa。这些微球显示出独特的分级花状多孔结构，具有高比表面积，能实现对磷酸盐的吸附。通过对比发现，纯FMS和FMS-xLa材料系列材料的形貌没有显著差异，说明镧浸渍和煅烧过程中能够完全保持其独特的花状结构，表明FMS结构稳定。此外，SEM图像表明所有的La(Ⅲ)已经被负载到多孔的FMS中，表5-2所示的EDX分析进一步证实了这一点。样品FMS和FMS-xLa($x = 0.02$、0.04、0.1和0.2)的XRD图谱如图5-5(f)所示。在FMS的XRD图谱中，以2θ为23°为中心的宽带(用实心圆表示)来自样品中的无定型二氧化硅(JCPDS 29-0085)。随着镧负载量增加，二氧化硅的特征宽峰强度变弱，这可能是由于镧覆盖在介孔二氧化硅孔道表面。同时，在FMSM-xLa($x=0.02$、0.04、0.1和0.2)中观察到几个新的属于La_2O_3的弱峰(JCPDS 83-1943)(用空心三角形表示)表明样品中成功负载了La_2O_3[19]。

FMS和FMS-xLa($x=0.02$、0.04、0.1和0.2)的BET比表面积S_{BET}、孔径D_{BJH}和总孔体积$V_总$数据汇总见表5-2，N_2吸附—脱附等温线和BJH分布曲线如图5-6(a)和(b)所示。表5-2和图5-6纯FMS显示出具有典型H2型磁滞回线的Ⅳ型等温线，表明存在不规则的中孔[31,32]。从BJH分布来看，FMS样品分别以3.4nm和13.5nm为中心呈现多峰孔径分布。前者的强度(在2~5nm范围内)明显更大，属于样品内部的小中孔。后者具有相对低的孔密度和在6~30nm范围内的宽孔分布，对应于颗粒表面上大孔的存在。这一结果表明，FMS样品具有独特的多孔结构，由外部大中孔和内部小中孔组成，如5-6(b)插图所示。FMS-xLa样品显示出类似的典型Ⅳ型等温线和H2-磁滞回线(见图5-5(a))，它们的比表面积和孔体积随着x值的增加而不断降低。与FMS的高BET比表面积(451.6m²/g)相比，FMS-xLa样品的BET比表面积随镧的负载量增加而减小，x从0.02增加到0.2而比表面积从278.2m²/g显著降低到67.4m²/g。类似地，孔体积分别从0.64cm³/g(FMS-0.02La)、0.54cm³/g(FMS-0.04La)、0.32cm³/g(FMS-0.1La)持续下降到0.27cm³/g(FMS-0.2La)。同时，通过将x值从0.02增加至0.2，磁滞回线从$p/p_0 = 0.4$逐渐移动到0.8，表明孔径增加。相应的孔隙率测定结果还证实了在更大的x值下中孔直径从7.95nm增加到15.02nm的趋势，均大于FMS的孔径(6.36nm)，可能是因为镧的负载量的增加。当x从0.02变为0.2时，相应样品中镧的实际负载量从4.25%增加到30.02%，这与理论负载量非常接近。根据XRD结果，镧以氧化镧的形式存在，镧负载量的增加反而降低材料比表面积和孔体积。当引入La_2O_3时，它可能首先占据较小的内部中孔通道，然后再填充相对较大的外部中孔，导致BJH孔径从7.95nm(FMS-0.02La)增加到15.02nm(FMS-0.2La)。这些结构性质的变化进一步证实了氧化镧成功地负载到FMSM-xLa的中孔通道中。

表 5-2　花状介孔微球吸附剂的结构特性参数

样品	S_{BET} /m²·g⁻¹	D_{BJH} /nm	$V_总$ /cm³·g⁻¹	La 含量(质量分数)① /%	La 含量(质量分数)② /%
FMS-0	451.6	6.36	0.84	0	0
FMS-0.02La	278.2	7.95	0.64	4.25	4.40
FMS-0.04La	231.2	8.30	0.54	6.70	8.39
FMS-0.1La	102.6	13.02	0.32	16.56	18.30
FMS-0.2La	67.4	15.02	0.27	30.02	30.53

①是根据 EDS 分析所得到的样品中镧含量，每个样品选择 3 个点进行分析取平均值；
②是合成过程根据原料计算的理论镧含量。

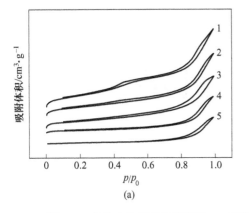
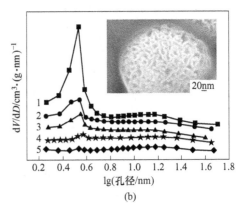

图 5-6　花状介孔微球吸附剂的 N_2 吸附—脱附曲线（a）和孔径分布曲线（b）
1—FMS；2—FMS-0.02La；3—FMS-0.04La；4—FMS-0.1La；5—FMS-0.2 La

为了揭示吸附后 FMS-0.1La 的结构，分别对其进行了 XRD、TEM 和 EDX 分析，如图 5-7 和图 5-8 所示。从 XRD 图中可见，氧化镧负载花状介孔微球吸附剂 FMS-0.1La 在吸附除磷后，样品中生成了 $LaPO_4$。从图 5-8 中可见，在吸附后仍然保持花状介孔微球结构，同时观察到花状介孔微球的中孔生长出一些厚度约为 4nm 的棒状纳米晶体，如图 5-8(b) 中箭头 1 所指。结合 HRTEM 图像表明，这些棒状纳米晶体是晶格为 0.31nm 的 $LaPO_4$ 物种（见图 5-8(c)）[36]。棒状纳米晶体的 EDX（见图 5-8(e)）表明其中 64.16% 的镧的质量分数接近于纯 $LaPO_4$ 中镧的质量分数（59.39%），进一步证实了 $LaPO_4$ 晶体的生成。使用 La_2O_3 改性的 SBA-15 去除磷酸盐，也观察到类似的棒状 $LaPO_4$ 晶体，其中磷和镧之间的化学反应导致了非均相反应 LaPO$_4$ 物种在受限纳米孔中的成核作用[18]。因为花状二氧化硅球具有独特的多孔结构，具有小的内部中孔和宽的中孔开口，且吸附的磷酸盐和内部通道上的镧活性位点之间发生化学反应，所以这些棒状 LaPO$_4$ 晶体从球体的内部中孔生长。同时，由于 FMS-0.1La 的大的外中孔，可减缓因 LaPO$_4$ 纳米棒堵塞孔道而引起的扩散问题。除了棒状 LaPO$_4$ 晶体之外，还观察到一些附着在球体花状表面具有点状形貌的黑色颗粒，如图 5-8(b) 中箭头 2 所指。HR-TEM 图表明，这种点状物质也是 LaPO$_4$，其中 0.26nm 的间距对应于 LaPO$_4$ 的 (202) 面。EDX 结果进一步证实了这一点，表明它们由镧、磷、硅和氧组成。然而，对于点状颗粒，硅的质量分数为 47.10%，比棒状晶体中发现的多十倍。因此点状 LaPO$_4$ 物种可能是因为 LaPO$_4$ 在 FMS-0.1La 的大的外中孔表面上的异相成核[46]。

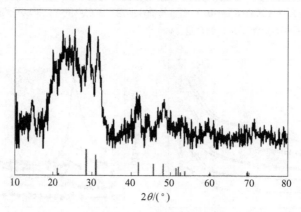

图 5-7 FMS-0.1La 吸附磷后的 XRD 图

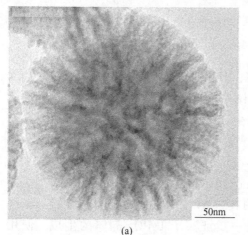
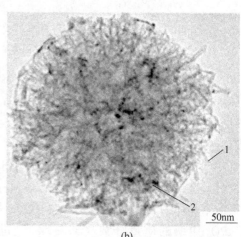

(a)　　　　　　　　　　(b)

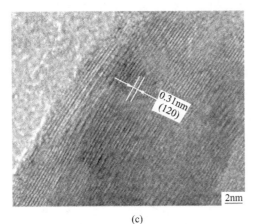
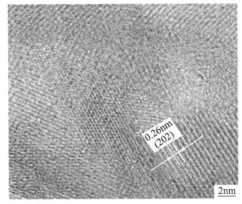

元素	1		2	
	质量分数/%	摩尔分数/%	质量分数/%	摩尔分数/%
O	22.56	60.94	33.29	52.16
Si	3.90	6.00	47.10	42.04
P	9.39	13.10	3.60	2.91
La	64.15	19.96	16.01	2.89
合计	100		100	

(e)

图 5-8 FMS-0.1La 吸附前（a）和吸附后（b）的 TEM 图、高分辨 TEM 图（c, d）和 EDX 列表（e）

5.3 氧化镧负载空心介孔微球吸附剂的除磷性能

5.3.1 不同氧化镧负载量对吸附性能的影响

对样品 HMS、HMS-1/50、HMS-1/25、HMS-1/10 和 HMS-1/5 的吸附量的对比发现，样品 HMS 对磷酸根的吸附量很低，几乎为零，说明未负载氧化镧的吸附剂几乎不能吸附磷酸根。负载后的空心介孔吸附剂的吸附量大幅度增加，如样品 HMS-1/50 的磷吸附量约为 9.5mg/g，并且随着负载量的增加，吸附量也逐渐增加，其中样品 HMS-1/5 的磷吸附量最大，约为 50mg/g。因此选择样品 HMS-1/5 作为吸附剂，进一步研究该氧化镧负载的空心介孔吸附剂的除磷性能。

5.3.2 吸附等温线

图 5-9 所示为样品的 HMS-1/50、HMS-1/25、HMS-1/10 和 HMS-1/5 Langmuir 和 Freundlich 模型拟合后的吸附等温线。表 5-3 为 Langmuir 和 Freundlich 模型拟

合后各常数的数据值列表。从图5-9和表5-3可见，吸附数据分别符合Langmuir和Freundlich模型；然而Langmuir模型对吸附数据的表述更为准确，因为其相关性系数R^2均大于0.955，这表明该吸附过程为单分子层吸附，这跟文献报道的氧化镧吸附剂的吸附机理相一致[54~56]。从表5-3可见，吸附剂的Langmuir最大吸附量随着镧负载量的增加而增大，其中样品HMS-1/5的最大磷吸附量为47.89mg/g，远大于HMS-1/50(9.56mg/g)、HMS-1/25(15.27mg/g)和HMS-1/10(35.35mg/g)，这说明镧负载量增加后，吸附剂中的吸附位点也增多，从而使得吸附量提高。

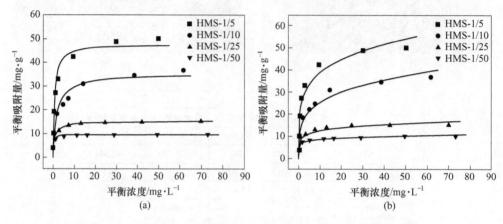

图5-9 吸附剂的Langmuir(a)和Freundlich(b)模型拟合曲线

表5-3 空心介孔微球吸附剂的拟合参数

样品	Langmuir			Freundlich		
	q_0/mg·g^{-1}	K_L/L·mg^{-1}	R^2	n	K_F/mg·g^{-1}	R^2
HMS-1/5	47.89	1.337	0.955	4.815	23.95	0.946
HMS-1/10	35.35	0.522	0.956	4.104	14.41	0.943
HMS-1/25	15.27	1.002	0.989	6.671	8.83	0.920
HMS-1/50	9.56	5.038	0.966	9.390	6.74	0.843

5.3.3 吸附动力学

图5-10(a)所示为样品HMS-1/5在初始浓度为50mg/L含磷废水中的吸附动力学拟合图。HMS-1/5具有较快的吸附速率，当吸附时间为0.5h时，磷吸附量可达16.98mg/g。在随后的24h里，吸附量逐渐上升到49.26mg/g，并基本保持不变，说明已经达到吸附平衡。为了进一步研究吸附动力学，对吸附数据进行准一级动力学和准二级动力学模拟（见图5-10(b)(c)），模拟后的相关常数分别

列在图中。对比两个吸附动力学模型拟合后的相关性系数可知,准二级动力学可更好地描述吸附过程,说明吸附过程为化学吸附。

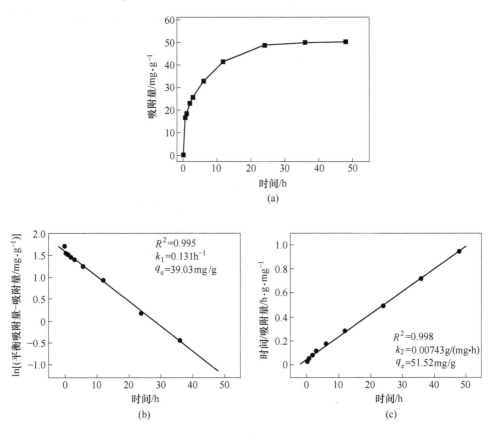

图 5-10　空心介孔微球吸附剂的动力学曲线(a)、准一级动力学(b)和准二级动力学(c)拟合图

5.3.4　pH 值对吸附性能的影响

图 5-11(a) 所示为溶液初始 pH 值在 3.0~11.0 时对吸附剂 HMS-1/5 除磷性能的影响。所用溶液的初始磷浓度约为 50mg/L,吸附剂的投加量为 25mg/25mL。从图 5-11 中可见,当 pH 值为 3.0~8.0 时,吸附剂的磷吸附量较高,在 46.0~50.3mg/g 之间波动;而当 pH 值进一步增大到 8.0~11.0 时,吸附剂的磷吸附量从 46.0mg/g 降低到 12.5mg/g,降低了 72.8%。可见,所合成的吸附剂在 pH 值为 3.0~8.0 范围内具有较好的应用价值。磷酸根为多质子酸,在不同 pH 值的水溶液中分别以 $H_2PO_4^-$、HPO_4^{2-} 和 PO_4^{3-} 方式存在。当 pH 值在 2.13~7.20 时,溶液中的磷酸根主要为 $H_2PO_4^-$,吸附剂在 pH 值为 3.0~8.0 时具有较高的去除率,

说明镧吸附中心对一价磷酸根 $H_2PO_4^-$ 具有较强的吸附能力；而当 pH 值在 7.2~11.0 之间时，溶液中的磷酸根主要为 HPO_4^{2-}，但由于 pH≥7.0 时溶液中 OH^- 的含量也增大，HPO_4^{2-}、PO_4^{3-} 和 OH^- 都为负价离子，因此存在竞争吸附，从而导致吸附率下降。

此外，金属作为活性中心在水溶液中表面形成羟基化，其对磷酸根的吸附可通过离子交换进行，见式(5-1)~式(5-3)。

$$\equiv La-OH + H_2PO_4^- \longleftrightarrow \equiv La-H_2PO_4 + OH^- \qquad (5-1)$$

$$\equiv La\equiv(OH)_2 + HPO_4^{2-} \longleftrightarrow \equiv La-HPO_4 + 2OH^- \qquad (5-2)$$

$$-La\equiv(OH)_3 + PO_4^{3-} \longleftrightarrow -La\equiv PO_4 + 3OH^- \qquad (5-3)$$

为了证实离子交换机理是否参与试验中吸附剂 HMS-1/5 对磷的吸附，采用 pH 计对吸附过程中溶液 pH 值的变化进行记录，如图 5-11(b) 所示。可见，初始含磷溶液（50mg/L）的 pH 值为 5.07，当加入吸附剂 1h 后，pH 值增加到 6.45；在吸附 24h 后，pH 值持续上升到 9.42，最后基本上保持不变；根据动力学实验结果，24h 后吸附已经达到平衡。可见，吸附剂的除磷机理也包含离子交换。由于 pH 值的增大不利于离子交换反应，因此当 pH 值在 8.0~11.0 之间时，吸附剂的吸附量急剧下降。

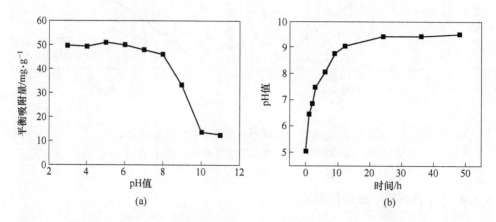

图 5-11 含磷废水初始 pH 值对吸附量的影响（a）和吸附过程中 pH 值随时间的变化图（b）

5.3.5 干扰离子对吸附性能的影响

图 5-12 所示为干扰离子 F^-、Cl^-、NO_3^-、SO_4^{2-} 和 CO_3^{2-} 对吸附剂 HMS-1/5 的吸附性能的影响。从图中可知，当溶液中含有 0.01mol/L F^-，Cl^- 和 SO_4^{2-} 等共存离子时，吸附剂的吸附性能基本上没有受到影响。而当存在 0.01mol/L NO_3^- 和 CO_3^{2-} 时，吸附剂的吸附容量分别比不含共存离子时的吸附量（q_e =（45.77±

1.5) mg/g) 降低了 6.92% 和 14.53%。这说明吸附剂对水体中的磷酸根具有很好的选择吸附性能。

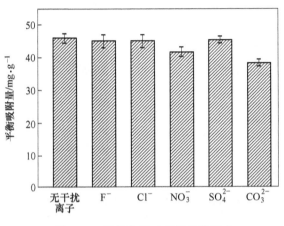

图 5-12 干扰离子对吸附量的影响

5.4 氧化镧负载花状介孔微球吸附剂的除磷性能

5.4.1 吸附等温线

图 5-13 所示为花状介孔微球 FMS-xLa(x=0.02、0.04、0.1 和 0.2) 的 Langmuir 和 Freundlich 模型等温线拟合图，它们相应的等温线拟合参数见表 5-4。为了对比，在相同条件下对未负载氧化镧的纯 FMS 进行了吸附性能测试，发现 FMS 的吸附容量几乎为零，表明 FMS 对磷酸根几乎没有吸附性能。相比之下，FMS-xLa 样品对废水中的无机磷具有明显的吸附效果，且吸附量随镧负载量的增加而增大（见表5-4）。Langmuir 和 Freundlich 模型都适用于描述 FMS-xLa 材料对磷的吸附等温线，通过对比相关性系数 R^2 发现，Langmuir 模型对吸附数据的拟合度高于 Freundlich 模型，表明磷酸根在 FMS-xLa 表面的吸附过程是单分子层吸附。Langmuir 模型估算的 FMS-xLa(x=0.02、0.04、0.1 和 0.2) 吸附剂的最大磷吸附量分别为 9.72mg/g、14.74mg/g、42.76mg/g 和 44.82mg/g。此外，R_L 都在 0~1 的范围内，表明 FMS-xLa 吸附剂对磷酸盐的吸附过程是有利的[36]。

此外，吸附的磷与镧的摩尔比是评价镧利用率的重要指标。从表 5-4 中的磷/镧值来看，虽然 FMS-0.2La 的最大吸附量最大，但其磷/镧最低，说明 FMS-xLa 材料中镧负载量的增加降低了镧的利用率。因此，考虑到实际应用的成本效益，样品 FMS-0.1La 的磷/镧值最高表明镧的利用率最好，因此选择它来研究时间、pH 值和共存离子对其吸附的影响。

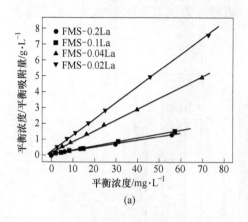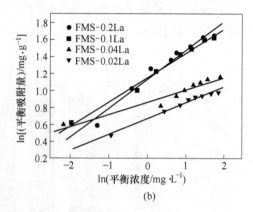

图 5-13 花状介孔微球吸附剂的 Langmuir(a) 和 Freundlich(b) 模型拟合图

表 5-4 花状介孔微球吸附剂的拟合参数

样品	摩尔比	Langmuir				Freundlich		
		q_m /mg·g^{-1}	K_L /L·mg^{-1}	R_L	R^2	n	K_F	R^2
FMS-0.2La	0.67	44.82	0.386	0.0314	0.994	2.963	13.53	0.967
FMS-0.1La	1.16	42.76	0.350	0.0345	0.993	3.545	14.24	0.988
FMS-0.04La	0.99	14.74	0.317	0.0379	0.996	6.945	7.37	0.940
FMS-0.02La	1.03	9.72	0.465	0.0262	0.999	5.401	4.70	0.981

5.4.2 吸附动力学

图 5-14 所示为花状介孔微球的动力学曲线和拟合图，从图中可见，吸附剂反应 24h 后达到吸附平衡。为了进一步了解吸附过程，用准一级、准二级模型和内扩散模型对其进行拟合，相关参数如图中所示。当使用准二级模型时，其相关系数相对较高（$R^2=0.998$）的表明磷酸盐在 FMS-0.1La 上的吸附过程更可能是化学吸附。

5.4.3 pH 值和干扰离子对吸附性能的影响

图 5-15(a) 所示为 pH 值对吸附的影响，从图中可见，pH 值对磷酸盐的吸附过程影响较大，pH 值范围为 3.0~6.0 时，磷酸盐的吸附量约为 37mg/g；当 pH 值从 6.0 增加至 11.0 时，磷酸盐的吸附量从 37.02mg/g 下降到 24.17mg/g，吸附量下降了 34.7%。图 5-15(a) 插图为吸附过程中溶液 pH 值的变化，从图中可知，初始浓度为 50mg/L 溶液的初始 pH 值为 5.07；加入 50mg FMS-0.1La 后，

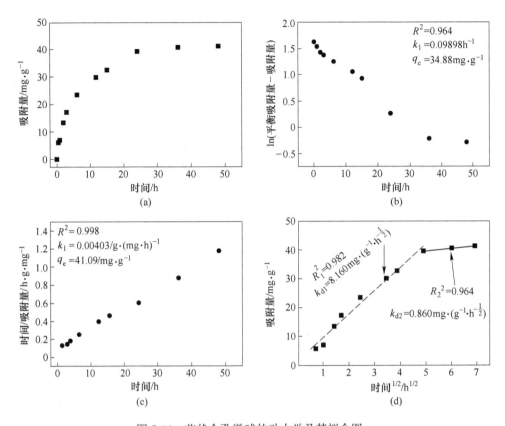

图 5-14 花状介孔微球的动力学及其拟合图
(a) 吸附剂的动力学曲线；(b) 准一级动力学；(c) 准二级动力学；(d) 内扩散动力学拟合图

1h 内 pH 值升至 5.95，24h 后逐渐升至 8.95，此时达到吸附平衡。pH 值的增加可证实吸附过程中 FMS-0.1La 与磷酸盐存在配体交换机制。图 5-15（b）所示为共存阴离子（F^-、Cl^-、NO_3^-、SO_4^{2-} 和 CO_3^{2-}）对 FMS-0.1La 吸附的影响。在没有竞争阴离子的情况下，FMS-0.1La 的磷酸盐吸附量（q_e）为 40.25mg/g。当引入 0.01mol/L CO_3^{2-} 时，其对磷酸盐的吸附能力降低了 27.6%。可能的原因是 $La_2(CO_3)_3$ 的 K_{sp}（$3.98×10^{-34}$）低于 $LaPO_4$ 的 K_{sp}（$3.7×10^{-23}$），这有利于 CO_3^{2-} 置换 FMS-0.1La 上吸附的 PO_4^{3-}，随后将形成的 $LaPO_4$ 转化为 $La_2(CO_3)_3$，从而降低了磷酸盐的吸附能力。此外，含 0.01mol/L CO_3^{2-} 的溶液的初始 pH 值为 10.63；溶液中存在大量的 OH^-，而 OH^- 可能会与磷酸盐竞争活性位点，从而阻碍配体交换机制并降低磷酸盐吸附。然而，其他 0.01mol/L 共存阴离子的存在，即 F^-、Cl^-、NO_3^-、SO_4^{2-} 对吸附容量的影响可以忽略不计，这表明样品 FMS-0.1La 对磷酸根阴离子具有很高的选择性。

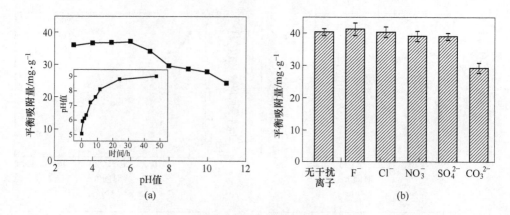

图 5-15 pH 值和干扰离子对吸附的影响图
(a) 含磷废水初始 pH 值对吸附量的影响，插图为吸附过程中 pH 值随时间的变化；
(b) 干扰离子对吸附的影响

此外，通过吸附后样品的 SEM 照片和不同初始 pH 值的磷酸盐溶液中 La^{3+} 的浸出浓度来评价吸附剂的稳定性，如图 5-16 所示。结果表明，吸附剂在单分散球中保持了花状介孔形态，但由于磷酸盐吸附后 $LaPO_4$ 的沉积，在微球表面生长了一些颗粒。当溶液初始 pH 值为 3.0~9.0 的溶液中镧的浸出浓度几乎为零，而初始 pH 值为 11.0 的溶液中镧的浸出浓度约为 0.047mg/L，说明镧在吸附剂中具有良好的稳定性。因此，镧掺杂的介孔花状吸附剂在磷酸盐吸附过程中非常稳定，具有良好的实际应用前景。

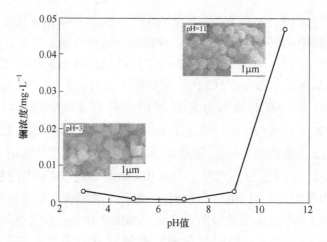

图 5-16 花状介孔微球吸附剂在不同 pH 值溶液中
镧的浸出和形貌分析图

参 考 文 献

[1] Liu B, Zeng H C. Mesoscale organization of CuO nanoribbons: Formation of "Dandelions" [J]. J. Am. Chem. Soc., 2004, 126 (26): 8124~8125.

[2] Lou X W, Wang Y, Yuan C, et al. Template-free synthesis of SnO_2 hollow nanostructures with high lithium storage capacity [J]. Adv. Mater., 2006, 18 (17): 2325~2329.

[3] Lin G, Zheng J, Xu R. Template-free synthesis of uniform cds hollow nanospheres and their photocatalytic activities [J]. J. Phys. Chem. C., 2008, 112 (19): 7363~7370.

[4] Kresge C T, Leonowicz M E, Roth W J, et al. Ordered mesoporous molecular sieves synthesized by a liquid-crystal template mechanism [J]. Nature, 1992, 359 (6397): 710~712.

[5] Zhao D Y, Feng J L, Huo Q S, et al. Triblock copolymer syntheses of mesoporous silica with periodic 50 to 300 angstrom pores [J]. Science, 1998, 279 (5350): 548~552.

[6] Yuan Z Y, Su B L. Insights into hierarchically meso-macroporous structured materials [J]. J. Mater. Chem., 2006, 16 (7): 663~677.

[7] Ma X, Li L, Yang L, et al. Adsorption of heavy metal ions using hierarchical $CaCO_3$-maltose meso/macroporous hybrid materials: Adsorption isotherms and kinetic studies [J]. J. Hazard. Mater., 2012, 209~210 (0): 467~477.

[8] Yuan Z Y, Su B L. Insights into hierarchically meso-macroporous structured materials [J]. J. Mater. Chem., 2006, 16 (7): 663~677.

[9] Jiao Y, Guo J, Shen S, et al. Synthesis of discrete and dispersible hollow mesoporous silica nanoparticles with tailored shell thickness for controlled drug release [J]. J. Mater. Chem., 2012, 22 (34): 17636~17643.

[10] Chen T, Fu J J. pH-responsive nanovalves based on hollow mesoporous silica spheres for controlled release of corrosion inhibitor [J]. Nanotechnology, 2012, 23 (23).

[11] Fang X, Zhao X J, Fang W J, et al. Self-templating synthesis of hollow mesoporous silica and their applications in catalysis and drug delivery [J]. Nanoscale, 2013, 5 (6): 2205~2218.

[12] Li J H, Xu Y, Wu D, et al. Hollow mesoporous silica sphere supported cobalt catalysts for F-T synthesis [J]. Catal. Today., 2009, 148 (1~2): 148~152.

[13] Zhu Y F, Shi J L, Chen H R, et al. A facile method to synthesize novel hollow mesoporous silica spheres and advanced storage property [J]. Microporous Mesoporous Mater., 2005, 84 (1~3): 218~222.

[14] Sellner K G, Doucette G J, Kirkpatrick G J. Harmful algal blooms: causes, impacts and detection [J]. J. Ind. Microbiol. Biotechnol., 2003, 30 (7): 383~406.

[15] Morse G K, WBrett S, Guy J A, et al. Review: Phosphorus removal and recovery technologies [J]. Sci. Total Environ., 1998, 212 (1): 69~81.

[16] Kang S K, Choo K H, Lim K H. Use of iron oxide particles as adsorbents to enhance phosphorus removal from secondary wastewater effluent [J]. Sep. Sci. Technol., 2003, 38 (15): 3853~3874.

[17] Gan F Q, Zhou J M, Wang H Y, et al. Removal of phosphate from aqueous solution by thermally treated natural palygorskite [J]. Water Res., 2009, 43 (11): 2907~2915.

[18] Li H, Ru J, Yin W, et al. Removal of phosphate from polluted water by lanthanum doped vesuvianite [J]. J. Hazard. Mater., 2009, 168 (1): 326~330.

[19] Xue H, Wang T, Zhao J, et al. Constructing a multicomponent ordered mesoporous carbon for improved electrochemical performance induced by in-situ doping phosphorus [J]. Carbon, 2016, 104: 10~19.

[20] Karageorgiou K, Paschalis M, Anastassakis G N. Removal of phosphate species from solution by adsorption onto calcite used as natural adsorbent [J]. J. Hazard. Mater., 2007, 139 (3): 447~452.

[21] Hongshaoand Z, Stanforth R. Competitive adsorption of phosphate and arsenate on goethite [J]. Environ. Sci. Technol., 2001, 35 (24): 4753~4757.

[22] Pradhan J, Das J, Das S, et al. Adsorption of phosphate from aqueous solution using activated red mud [J]. J. Colloid Interface Sci., 1998, 204 (1): 169~172.

[23] Huang W W, Wang S B, Zhu Z H, et al. Phosphate removal from wastewater using red mud [J]. J. Hazard. Mater., 2008, 158 (1): 35~42.

[24] Ugurlu A, Salman B. Phosphorus removal by fly ash. Environ. Int., 1998, 24 (8): 911~918.

[25] Pengthamkeerati P, Satapanajaru T, Chularuengoaksorn P. Chemical modification of coal fly ash for the removal of phosphate from aqueous solution [J]. Fuel, 2008, 87 (12): 2469~2476.

[26] Biswas B K, Inoue K, Ghimire K N, et al. Removal and recovery of phosphorus from water by means of adsorption onto orange waste gel loaded with zirconium [J]. Bioresour. Technol., 2008, 99 (18): 8685~8690.

[27] Zeng L, Li X M, Liu J D. Adsorptive removal of phosphate from aqueous solutions using iron oxide tailings [J]. Water Res., 2004, 38 (5): 1318~1326.

[28] Kostura B, Kulveitova H, Lesko J. Blast furnace slags as sorbents of phosphate from water solutions [J]. Water Res., 2005, 39 (9): 1795~1802.

[29] Onyango M S, Kuchar D, Kubota M, et al. Adsorptive removal of phosphate ions from aqueous solution using synthetic zeolite [J]. Ind. Eng. Chem. Res., 2007, 46 (3): 894~900.

[30] Ning P, Bart H J, Li B, et al. Phosphate removal from wastewater by model-La (III) zeolite adsorbents [J]. J. Environ. Sci., 2008, 20 (6): 670~4.

[31] Liao X P, Ding Y, Wang B, et al. Adsorption behavior of phosphate on metal-ions-loaded collagen fiber [J]. Ind. Eng. Chem. Res., 2006, 45 (11): 3896~3901.

[32] Shin E W, Han J S, Jang M, et al. Phosphate adsorption on aluminum-impregnated mesoporous silicates: Surface structure and behavior of adsorbents [J]. Environ. Sci. Technol., 2003, 38 (3): 912~917.

[33] Mandel K, Tuhtan A D, Hutter F, et al. Layered double hydroxide ion exchangers on

superparamagnetic microparticles for recovery of phosphate from waste water [J]. J. Mater. Chem. A., 2013, 1 (5): 1840~1848.

[34] Wu Z, Zhao D. Ordered mesoporous materials as adsorbents [J]. Chem. Commun., 2011, 47 (12): 3332~3338.

[35] Meiser F, Cortez C, Caruso F. Biofunctionalization of fluorescent rare-earth-doped lanthanum phosphate colloidal nanoparticles [J]. Angew. Chem. Int. Ed., 2004, 43 (44): 5954~5957.

[36] Yang J, Yuan P, Chen H Y, et al. Rationally designed functional macroporous materials as new adsorbents for efficient phosphorus removal [J]. J. Mater. Chem., 2012, 22 (19): 9983~9990.

[37] Shin E W, Karthikeyan K G, Tshabalala M A. Orthophosphate sorption onto lanthanum-treated lignocellulosic sorbents [J]. Environ. Sci. Technol., 2005, 39 (16): 6273~6279.

[38] Ou E C, Zhou J J, Mao S C, et al. Highly efficient removal of phosphate by lanthanum-doped mesoporous SiO_2 [J]. Colloids Surf. A., 2007, 308: 47~53.

[39] Zhang J D, Shen Z M, Shan W P, et al. Adsorption behavior of phosphate on lanthanum (Ⅲ) doped mesoporous silicates material [J]. J. Environ. Sci., 2010, 22: 507~511.

[40] Delaney P, McManamon C, Hanrahan J P, et al. Development of chemically engineered porous metal oxides for phosphate removal [J]. J. Hazard. Mater., 2011, 185: 382~91.

[41] Choi J W, Lee S Y, Chung S G, et al. Removal of phosphate from aqueous solution by functionalized mesoporous materials [J]. Water, Air, Soil Pollut., 2011, 222: 243~254.

[42] Tang Y, Zong E M, Wan H Q, et al. Zirconia functionalized SBA-15 as effective adsorbent for phosphate removal [J]. Microporous Mesoporous Mater., 2012, 155: 192~200.

[43] Choi J W, Lee S Y, Lee S H, et al. Adsorption of phosphate by amino-functionalized and co-condensed SBA-15 [J]. Water, Air, Soil Pollut., 2012, 223: 2551~2562.

[44] Hamoudi S, Saad R, Belkacemi K. Adsorptive removal of phosphate and nitrate anions from aqueous solutions using ammonium-functionalized mesoporous silica [J]. Ind. Eng. Chem. Res., 2007, 46: 8806~8812.

[45] Zhang J D, Shen Z M, Shan W P, et al. Adsorption behavior of phosphate on lanthanum (Ⅲ) doped mesoporous silicates material [J]. J. Environ. Sci., 2010, 22 (4): 507~511.

[46] Yang J, Zhou L, Zhao L Z, et al. A designed nanoporous material for phosphate removal with high efficiency [J]. J. Mater. Chem., 2011, 21 (8): 2489~2494.

[47] Vaudreuil S, Bousmina M, Kaliaguine S, et al. Synthesis of macrostructured silica by sedimentation-aggregation [J]. Adv. Mater., 2001, 13 (17): 1310~1312.

[48] Qi G, Wang Y B, Estevez L, et al. Facile and scalable synthesis of monodispersed spherical capsules with a mesoporous shell [J]. Chem. Mater., 2010, 22 (9): 2693~2695.

[49] Yang J, Yuan P, Chen H Y, et al. Rationally designed functional macroporous materials as new adsorbents for efficient phosphorus removal [J]. J. Mater. Chem., 2012, 22 (19): 9983~9990.

[50] Beck J S, Vartuli J C, Roth W J, et al. A new family of mesoporous molecular sieves prepared

with liquid crystal templates [J]. J. Am. Chem. Soc., 1992, 114: 10834~10843.

[51] Shylesh S, Singh A P. Vanadium-containing ethane – silica hybrid periodic mesoporous organosilicas: Synthesis, structural characterization and catalytic applications [J]. Microporous Mesoporous Mater., 2006, 94 (1~3): 127~138.

[52] Park S J, Lee S Y. A study on hydrogen-storage behaviors of nickel-loaded mesoporous MCM-41 [J]. J. Colloid Interface Sci., 2010, 346 (1): 194~198.

[53] Han D Z, Li X, Zhang L, et al. Hierarchically ordered meso/macroporous γ-alumina for enhanced hydrodesulfurization performance [J]. Microporous Mesoporous Mater., 2012, 158 (0): 1~6.

[54] Haghseresht F, Wang S, Do D D. A novel lanthanum-modified bentonite, phoslock, for phosphate removal from wastewaters [J]. Appl. Clay Sci., 2009, 46 (4): 369~375.

[55] Li H, Rua J Y, Yin W, et al. Removal of phosphate from polluted water by lanthanum doped vesuvianite [J]. J. Hazard. Mater., 2009, 168 (1): 326~330.

[56] Biswas B K, Kedar K I, Ghimire N, et al. The adsorption of phosphate from an aquatic environment using metal-loaded orange waste [J]. J. Colloid Interface Sci., 2007, 312 (2): 214~223.

6 氢氧化镧/聚乙烯亚胺功能化树枝状介孔材料及其同步吸附去除废水中磷和染料的性能

近年来，合成有机染料在纺织、造纸、化妆品、食品等行业具有广泛应用，这些行业产生的有色金属废水的排放是造成水污染的主要原因之一[1~3]。染料进入自然水体后将会阻碍水生植物的光合作用，影响水生生物的生长，并使水质恶化。刚果红（$C_{32}H_{22}N_6Na_2O_6S_2$，CR）是一种典型的合成染料，其分子结构中包含芳香环、磺酸基团和偶氮基团，它对水生生物具有内在的毒性，致畸性和致癌性，并且可能会威胁人类健康[4]。此外，由于人类活动释放大量外源性磷，因而染料废水中通常共存大量的磷酸根阴离子。磷（P）是生物所必需的营养元素，但水体中过量的磷被认为是引发富营养化的关键因素之一[5~6]。富营养化将导致有害藻华的形成，致使其他水生生物死亡，导致水生态环境和生态系统的退化[6~8]。可见，从废水中同时去除磷和染料对环境治理具有重要意义，并且对于水资源的可持续发展具有举足轻重的作用。

从废水中去除污染物的方法有多种[9~11]，其中，吸附法具有成本低、操作简便和选择性高等突出优点，被认为是有效去除染料和磷的最有前途的技术之一[12~14]。值得一提的是，具有多功能活性位点的吸附剂可以有效地去除废水中的多种污染物[15~18]。例如，Chen等人发现带正电荷的聚苯乙烯微球（PS—N^+）作为吸附剂可以有效地从废水中去除三种不同的污染物，即CR、P和Cr(Ⅵ)，这主要是由于带正电的—N^+作为活性位点和带负电的污染物之间存在良好的静电吸引[17]。但是，使用上述吸附剂吸附去除CR、P或Cr(Ⅵ)时，都是在含污染物的单组分溶液系统中进行研究的，这与真实的废水体系存在较大的差异。真实的废水系统通常由多种污染物组成，污染物的共存可能导致竞争性吸附，因此，研究吸附剂在二元或多组分污染物溶液系统中吸附去除两种或多种污染物具有现实意义[8,18,19]。

聚乙烯亚胺（PEI）被认为是具有高密度—N—活性位点的功能性材料，其结构中含有丰富的氨基（—NH_2，—NH—，=N—），它们能够与污染物之间通过静电相互作用或络合作用来增强吸附性能[20]。然而，PEI单独作为吸附剂时，其在水中的高溶解性在很大程度上限制了其作为吸附剂的应用。利用PEI对多孔材料（如活性炭、介孔二氧化硅和金属有机骨架（MOF））进行功能化改性是获得新型PEI改性吸附剂的有效方法[20~22]。此外，金属氧化物/氢氧化物纳米粒子掺入聚合物基质中有望进一步提高其吸附能力[23]。在各种金属中，镧（La）氢氧化物或氧化物因其对磷酸盐的高亲和力，在吸附除磷中具有突出的优势[24]。

基于以上考虑，制备 $La(OH)_3$/PEI 双功能化改性的介孔材料有望在二元或多组分溶液体系中表现出优异的同步吸附去除污染物性能，其中 La(Ⅲ) 和含氮基团都可以作为吸附剂的活性位点用于捕获不同类型的污染物。另外，将 $La(OH)_3$ 纳米颗粒嵌入到 PEI 聚合物基质中有利于解决吸附后纳米 $La(OH)_3$ 吸附剂从水溶液中分离和回收的问题[25]。此外，在介孔材料基体的选择上，具有大孔径的树枝状介孔二氧化硅（MSN）与常用介孔二氧化硅（如 MCM-41 等材料）相比，具有突出的特点。MSN 的树枝状介孔以纳米球中心为起点呈放射状分布，球面处具有较大孔径的开放介孔，作为药物载体、催化剂、生物传感器、吸附剂等已引起了研究者的广泛兴趣[26,27]。MSN 结构中的树枝状介孔有利于负载具有高活性位点密度的官能团，促进吸附物在孔内的扩散，因此在废水中污染物的去除方面具有巨大潜力。

6.1 实验步骤

6.1.1 吸附剂的合成

根据文献报道的方法合成了具有大的树枝状介孔的二氧化硅基体[28]。样品命名为 MSN-x（分别为 x=0.2、0.4 和 0.5），其中 x 表示三氟乙酸钠（FC_2）与 CTAB 的摩尔比。然后，使用戊二醛作为交联剂，使其与 MSN 表面上的羟基反应，获得 PEI 改性 MSN 材料[29,30]。具体方法如下：将 0.5g MSN 加到含有一定量 PEI 质量分数为（5%、10%或20%）的 10mL 甲醇溶液中。在 30℃下搅拌 10h 后，将上述混合物快速添加到 20mL 的 1%（质量分数）戊二醛/甲醇溶液中进行交联。在 30℃下连续搅拌 1h，以 7500r/min 离心 40min，并用去离子（DI）水洗涤后，将获得的固体在 60℃下干燥过夜。最终产品命名为 PEI-MSN-y（y=5%、10%和20%）。最后，采用一定 La^{3+} 浓度的水溶液处理 PEI-MSN-10%，获得 PEI-MSN-La[29]。根据 La^{3+} 浓度（0.1mol/L、0.5mol/L 和 1mol/L）的不同，将获得的样品分别命名为 PEI-MSN-La1、PEI-MSN-La2 和 PEI-MSN-La3。

6.1.2 吸附研究过程

设计静态吸附实验，研究所制备的吸附剂对磷酸根离子（P）和刚果红（CR）的吸附性能。在 288K、298K 和 308K 下研究了吸附动力学和吸附等温线。吸附动力学数据采用准一级[21,31]、准二级[21,31]、Elovich[32] 和粒子内扩散模型[21,31,33]等四个常用的动力学模型进行拟合。吸附等温线数据采用 Langmuir、Freundlich 和 Dubinin-Radushkevich 三个常用的等温线模型进行拟合[33,34]。吸附剂对 P 和 CR 的热力学吸附性质通过吉布斯自由能变（ΔG, kJ/mol）、焓变（ΔH, kJ/mol）和熵变（ΔS, kJ/mol）三个热力学参数进行评估。研究了溶液的 pH 值、共存离子和腐殖酸对 P 和 CR 吸附的影响。通过循环吸附—解吸实验研究了 PEI-MSN-La2 的再生和再利用性能。此外，改变二元污染物系统中 P 和 CR 的浓度，研究了所制备的吸附剂 PEI-MSN-La2 在不同二元污水体系中对 P 和 CR 的同步吸附性能。

6.2 样品的表征结果分析

所制备样品的比表面积和孔结构参数见表 6-1。

表 6-1 所制备样品的比表面积和孔结构参数

样品	$S_{BET}/m^2 \cdot g^{-1}$	D/nm	$V_{total}/cm^3 \cdot g^{-1}$
MSN-0.2	236.66	11.23	0.66
MSN-0.4	317.51	8.23	0.65
MSN-0.5	222.62	9.88	0.55
MSN-PEI-5%	104.02	14.36	0.37
MSN-PEI-10%	103.86	16.60	0.43
MSN-PEI-20%	103.84	15.28	0.41
MSN-PEI-La1	124.94	13.49	0.42
MSN-PEI-La2	129.96	13.42	0.44
MSN-PEI-La3	112.04	14.65	0.41

MSN-0.4、PEI-MSN-10% 和 PEI-MSN-La2 的 N_2 吸附—脱附等温线如图 6-1（a）所示，图中可以看到样品的 N_2 吸附—解吸等温线呈Ⅳ型特征，表明所制备的样品中存在介孔结构[35]。并且，其毛细管冷凝步骤的滞后环出现在相对压力 $p/p_0=0.9$ 处，这表明样品中存在较大尺寸的介孔[28]。MSN-x（$x=0.2$、0.4 和 0.5）样品的比表面积（S_{BET}）值从 222.62 m^2/g 到 317.51 m^2/g 不等，其平均孔径（D）从 8.23nm 变为 11.23nm，这也证实了具有较大孔径介孔的树枝状二氧化硅材料的成功合成[36]。其中，以 FC_2/CTAB 摩尔比为 0.4 时合成的 MSN-0.4 样品的比表面积最高，S_{BET} 为 317.51 m^2/g，因此，选择 MSN-0.4 作为基体材料进行下一步的 PEI 修饰。改性后所获得的样品 PEI-MSN-10% 的比表面积急剧下降至 103.86 cm^2/g，随后的镧浸渍导致所得 PEI-MSN-La2 的比表面积略有增加（$S_{BET}=129.96cm^2/g$），这可能源于在 PEI-MSN-10% 上所形成的 $La(OH)_3$ 纳米粒子具有较大比表面积。在图 6-1（b）中，MSN-0.4 的孔径分布出现多峰，在 2.3nm 和 3.8nm 处有两个不同的峰，在 33.2nm 处有低强度的峰。PEI 修饰 MSN-

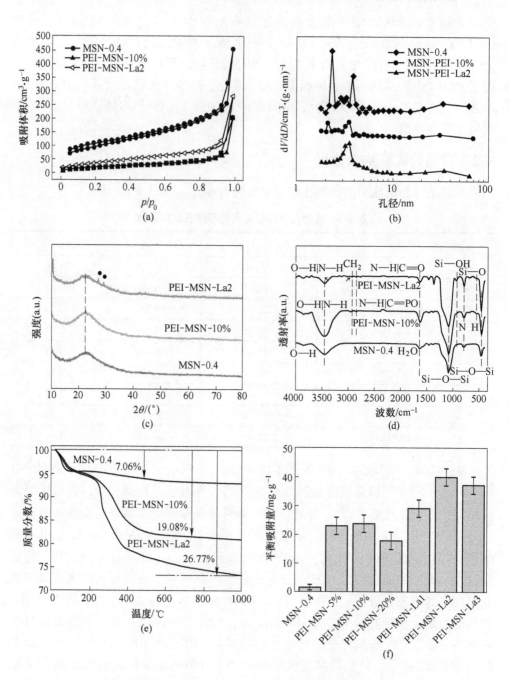

图 6-1 所制备样品的表征分析和吸附量对比图

(a) N_2 吸附—脱附等温线;(b) 孔径分布曲线;(c) XRD 图;
(d) FTIR 光谱;(e) TGA 曲线;(f) 磷酸根离子的吸附容量对比图

0.4后，PEI-MSN-10%的孔径变小，分别为2.1nm、3.5nm和30.7nm。当La(OH)$_3$纳米颗粒固载到PEI-MSN-10%时，所制备的吸附剂PEI-MSN-La2仅在3.5nm和34.5nm处观察到两个主峰。其原因可能是La(OH)$_3$纳米颗粒填充了较小的内部介孔，但仍然留下较大的介孔。这些大的开放介孔有望为活性位点有效捕获污染物提供畅通无阻的传质通道[27]。

MSN-0.4、PEI-MSN-10%和PEI-MSN-La2的XRD图谱如图6-1（c）所示。在MSN-0.4的XRD图谱中，有一个明显的宽峰位于$2\theta=23°$，这是非晶SiO$_2$基材料（JCPDS 29-0085）的典型特征峰[37]，没有观察到其他杂质峰，表明形成了纯SiO$_2$材料。在PEI-MSN-10%和PEI-MSN-La2的XRD表征中也发现了SiO$_2$的特征峰，表明在改性过程中SiO$_2$的结构能够保留[38]。在约27°和28°处出现两个新的衍射峰，表明PEI-MSN-La2中存在氢氧化镧[39]。MSN-0.4、PEI-MSN-10%和PEI-MSN-La2的FTIR光谱如图6-1（d）所示。样品MSN-0.4在1103cm^{-1}、953cm^{-1}、803cm^{-1}和472cm^{-1}处观察到几个与SiO$_2$有关的特征吸收峰，分别对应Si—O—Si键的不对称伸缩振动、Si—OH键的振动、Si—O—Si键的对称伸缩振动及Si—O键的伸缩振动[40,41]。在3400cm^{-1}处的吸收峰与—OH伸缩振动有关，在1644cm^{-1}处的尖峰带与SiO$_2$中吸附水的—OH振动有关[40]。在PEI-MSN-10%和PEI-MSN-La2的FTIR图谱中，在2940cm^{-1}和2820cm^{-1}处出现两个新峰，这与碳骨架上—CH$_2$—的对称伸缩和不对称伸缩有关。另外，位于681cm^{-1}处的另一个新的吸收峰对应样品中PEI结构中的N—H键弯曲振动[42]。这个峰分别存在于PEI-MSN-10%和PEI-MSN-La2的FTIR图谱中，表明PEI已成功嫁接到树枝状介孔二氧化硅[43]。

MSN-0.4、PEI-MSN-10%和PEI-MSN-La2的热重分析（TGA）结果如图6-1（e）所示。从室温到54.10℃，MSN-0.4的TGA曲线显示一定的质量损失，然后缓慢到达平台，总质量损失为7.06%。其主要原因是MSN-0.4样品中游离水分子的损失[44]。PEI-MSN-10%的质量损失有两个主要阶段，最终失重达到19.08%。其中，第一阶段为室温到54.18℃的失重，与MSN-0.4样品类似，主要归因于游离水分子的损失；在200~500℃的范围出现了第二个明显的失重，这与PEI骨架的分解有关[45]。PEI-MSN-La2的TGA曲线具有三个失重阶段，总失重达到26.77%。前两个阶段的失重与PEI-MSN-10%类似，第三个阶段的失重发生在500~1000℃，质量下降主要是由于La(OH)$_3$纳米粒子的脱羟基作用[46]。

相同实验条件下，所制备吸附剂的除磷吸附性能如图6-1（f）所示，从图中可知，PEI改性后，PEI-MSN-y（$y=5\%$、10%和20%）的磷吸附量（17.5~22.5mg/g）明显高于MSN-0.4样品（约2mg/g）。由于比表面积研究发现PEI-

MSN-y 的表面特征没有明显差异，S_{BET} 在 103.84~104.02cm²/g 之间，平均孔径在 14.36~16.60nm 之间，孔容在 0.37~0.43/cm³/g 之间，因此，可以认为磷酸根离子吸附差别主要归因于 PEI 含量的不同。其中，PEI-MSN-10% 的磷吸附量约为 22.5mg/g，高于 PEI-MSN-10%。然而，当 PEI 的负载量进一步增加到 20% 时，所得 PEI-MSN-20% 的吸附能力反而下降，这可能是由于当 PEI 含量较高时，阻碍了氨基/亚氨基活性位点的暴露，从而影响其吸附作用[20,47]。因此，本章建议进行 PEI 交联时候，选择浓度为 10% 的甲醇溶液最佳。用 La^{3+} 修饰 PEI-MSN-10% 后，所获得的样品（PEI-MSN-La1、PEI-MSN-La2、PEI-MSN-La3）显示出比 PEI-MSN-10% 更高的吸附能力。并且，通过用 0.5mol/L 镧溶液处理而获得的样品 PEI-MSN-La2 具有最高磷酸盐吸附容量，为 40mg/g。

MSN-0.4、PEI-MSN-10% 和 PEI-MSN-La2 的 SEM 图像如图 6-2（a）（c）和（e）所示。MSN-0.4 的形貌为 95nm 左右的单分散球，其表面清晰可见开放介孔，这种介孔可为传输物质提供通道[28]。PEI-MSN-10% 和 PEI-MSN-La2 都具有与 MSN-0.4 相似的形貌，说明在改性过程中 MSN-0.4 的结构稳定性。对比三个样品的表面可见，PEI-MSN-La2 样品球状表面介孔减小了，这是因为嫁接的 PEI 和固载的 $La(OH)_3$ 纳米粒子占据了孔道，EDS 分析进一步证明了这一点，如图 6-2（b）（d）和（f）所示。MSN-0.4 由元素硅和氧组成，并且硅与氧的原子比约为 1:2，与 SiO_2 的化学式一致。PEI-MSN-10% 样品中的碳元素（C）源自交联剂戊二醛和 PEI 骨架中的碳，而氮元素（N）来自 PEI 中的含氮官能团，即 PEI 结构中的—NH_2、—NH—和=N—基团。除了碳和氮外，在 PEI-MSN-La2 中还发现了具有 1.54%（质量分数）的镧元素（见图 6-2（f）），这证实了 $La(OH)_3$ 纳米粒子的固载。

MSN-0.4、PEI-MSN-10% 和 PEI-MSN-La2 的 TEM 图像如图 6-3 所示。其中，样品 MSN-0.4 为约 95nm 的单分散球。这与 SEM 的结果一致。TEM 图像中还能观察到 MSN-0.4 球内部存在由中心向表面成放射状的树枝状介孔结构，PEI-MSN-10% 和 PEI-MSN-La2 均显示相似的多孔结构。图 6-3（b）中的黑色箭头表示在 PEI-MSN-10% 的表面上存在开放介孔。在 PEI-MSN-La2 的 TEM 图像中发现一些纳米颗粒分散在树枝状介孔硅球表面，如图 6-3（c）黑色箭头所示。结合高倍 TEM 图和 XRD 分析，这些纳米颗粒为原位生长的氢氧化镧纳米粒子（图 6-3（d）中用圆圈突出显示）。PEI-MSN-La2 的元素（硅，氧，氮和镧）面扫描图如图 6-4 所示，从图中可见氮和镧元素均匀分布在树枝状介孔硅球基体中，进一步证实了 PEI 和 $La(OH)_3$ 已经成功修饰在 MSN-0.4 上。

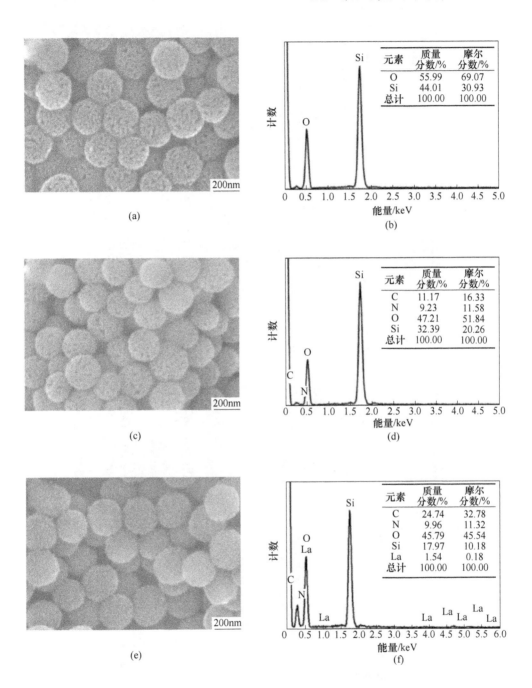

图 6-2 吸附剂的 SEM 图像和 EDS 元素分析图
(a, b) MSN-0.4；(c, d) PEI-MSN-10%；(e, f) PEI-MSN-La2

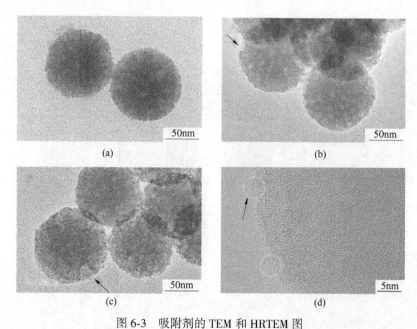

图 6-3 吸附剂的 TEM 和 HRTEM 图
(a) MSN-0.4；(b) PEI-MSN-10%；(c) PEI-MSN-La2；(d) PEI-MSN-La2 的 TEM 和 HRTEM 图像

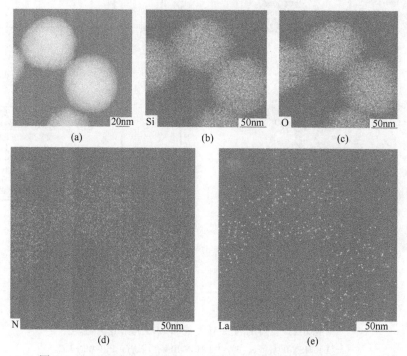

图 6-4 MSN-PEI-La2 的选区 TEM 图 (a) 和元素面扫图 (b~e)

6.3 样品的吸附性能

6.3.1 吸附动力学

PEI-MSN-10%和PEI-MSN-La1~3样品对磷的吸附动力学如图6-5所示,样品的平衡吸附容量(q_e)增大顺序为:PEI-MSN-10%<PEI-MSN-La1<PEI-MSN-La3<PEI-MSN-La2。在吸附进行10min后,吸附量几乎达到了平衡吸附量的85%,随后磷的吸附容量逐渐增加,30min后达到吸附平衡,并在接下来的600min内吸附量基本不变。PEI-MSN-10%的平衡吸附量为23.72mg/g,而PEI-MSN-La1、PEI-MSN-La2和PEI-MSN-La3的吸附量都高于PEI-MSN-10%,其中PEI-MSN-La2的吸附量最高,可达39.86mg/g。这表明将镧引入PEI官能化的MSN上有利于促进磷的吸附,因为镧可以作为磷酸盐捕获的有效活性位点[48]。ICP结果表明,3个PEI-MSN-La样品中,PEI-MSN-La2的镧含量最高,为13.49%(质量分数),这说明镧含量是吸附容量增加的主要因素之一。此外,与MSN-PEI-La1和MSN-PEI-La3相比,MSN-PEI-La2的S_{BET}相对较大,这也可能是其具有最高磷吸附能力的原因之一。

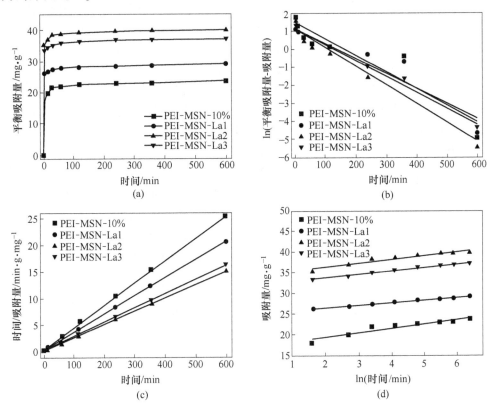

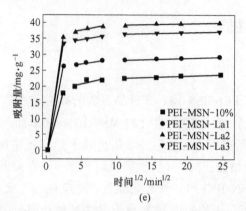

(e)

图 6-5 吸附剂对磷的吸附动力学和模型拟合图
(a) 吸附剂的吸附量随时间变化曲线；(b) 准一级模型拟合图；(c) 准二级模型拟合图；
(d) Elovich 模型拟合图；(e) 粒子内扩散模型拟合图

为了进一步理解吸附过程，分别采用准一级、准二级、Elovich 和粒子内部扩散模型对上述吸附数据进行拟合，如图 6-5（b）~(d) 所示，拟合后的参数见表 6-2。从图 6-5 中和表 6-2 中可见，准二级动力学模型能够最好地拟合样品对磷的吸附数据，其具有最高的相关性系数 $R^2>0.9999$，这表明磷在吸附剂上的吸附属于化学吸附[21,33,49]。在表 6-2 中，准二级动力学速率常数 k_2 按以下顺序减小：PEI-MSN-La2>PEI-MSN-La3>PEI-MSN-La1>PEI-MSN-10%，表明在 4 个样品中，PEI-MSN-La2 对磷的吸附最快。因此，PEI-MSN-La2 具有最大的吸附量和最快的吸附速率。此外，使用颗粒内部扩散模型进行拟合后，吸附过程分为三个阶段，如图 6-5（e）所示。第一阶段为溶液中的磷酸根离子到达吸附剂表面附近时发生的瞬时吸附过程，这主要是由溶液中的初始浓度驱动[5]；第二阶段是磷吸附在 PEI-MSN-La2 的外表面上；第三阶段是在 PEI-MSN-La2 的外表面达到饱和后，磷在 PEI-MSN-La2 的内部孔道中吸附。在颗粒内模型的三个阶段，其动力学速率常数按 $K_{d1}>K_{d2}>K_{d3}$ 的顺序排列（见表 6-2），其中 K_{d3} 的值较小主要是由于溶液中残留的磷酸根离子浓度较低[34]。值得一提的是，C_2 和 C_3 的值都不为零，表明颗粒内扩散不是控制吸附过程的速率决定步骤[33]。C 值的增加表明在吸附过程中边界层的厚度增加，表明边界层的扩散可能与吸附过程有关。

表 6-2 吸附剂对磷的吸附动力学拟合参数

模型	q_e^{exp} /mg·g^{-1}	准一级模型			准二级模型			Elovich		
		q_e^{cal} /mg·g^{-1}	k_1 /min^{-1}	R^2	q_e^{cal} /mg·g^{-1}	k_2 /g·(mg·min)$^{-1}$	R^2	α /mg·(g·min)$^{-1}$	β /g·mg^{-1}	R^2
PEI-MSN-10%	21.84	4.41	0.0091	0.8540	23.70	0.0098	0.9997	8.00×10^6	1.07	0.9047

续表6-2

模型	q_e^{exp} /mg·g^{-1}	准一级模型			准二级模型			Elovich		
		q_e^{cal} /mg·g^{-1}	k_1 /min^{-1}	R^2	q_e^{cal} /mg·g^{-1}	k_2 /g·(mg·min)$^{-1}$	R^2	α /mg·(g·min)$^{-1}$	β /g·mg^{-1}	R^2
PEI-MSN-La1	27.34	3.08	0.0082	0.8708	29.22	0.013	0.9998	1.12×10^{16}	0.61	0.9085
PEI-MSN-La2	38.27	3.05	0.010	0.9499	39.16	0.017	0.9999	1.71×10^{18}	0.93	0.9834
PEI-MSN-La3	35.12	3.02	0.0088	0.9806	37.17	0.014	0.9999	1.52×10^{17}	0.82	0.9805

模型	颗粒内扩散模型								
	K_{d1}	C_1	R^2	K_{d2}	C_2	R^2	K_{d3}	C_3	R^2
PEI-MSN-10%	11.73	0	1	0.31	25.55	0.9683	0.069	27.44	0.9511
PEI-MSN-La1	15.73	0	1	0.44	35.51	0.7662	0.052	38.68	0.7254
PEI-MSN-La2	14.90	0	1	0.37	32.91	0.9209	0.059	35.75	0.8957
PEI-MSN-La3	8.086	0	1	0.51	18.39	0.4818	0.081	21.67	0.9360

PEI-MSN-La2还表现出优异的CR吸附性能，如图6-6所示。在25℃下，研究了PEI-MSN-La2在CR初始浓度为20~60mg/L的废水中的吸附动力学。结果发现，当在初始CR浓度为20mg/L时，在60min内能够达到CR吸附平衡，在随后的720min内吸附量保持平衡，q_e为191.54mg/g。当CR初始浓度从40mg/L逐渐增加到60mg/L时，平衡时间从180min增加到480min，同时q_e也从397.42mg/g增加到591.17mg/g。这表明初始浓度是影响平衡时间和吸附容量的重要因素[50]。PEI-MSN-La2可以在较低的初始CR浓度下以较短的平衡时间去除CR，同时它在较高CR浓度的溶液中具有更好的吸附能力。

CR的吸附的准一级模型、准二级模型、Elovich模型和粒子内扩散模型拟合图如图6-6（b）~（e）所示，其相应的拟合参数见表6-3。与磷吸附相似，准二级动力学模型能够最好拟合吸附数据，其相关性系数R^2>0.999，优于准一级动力学模型（R^2=0.7755~0.9754）和Elovich模型（R^2=0.7316~0.9834）。这表明CR的吸附过程也基于化学吸附[21,33]。此外，如颗粒内部扩散模型和它们的相应参数的拟合曲线所揭示的那样，颗粒内部扩散不是CR吸附过程中唯一的速率控制步骤，吸附过程还受到边界层扩散的影响。

6.3.2 吸附等温线

为了更好地理解吸附过程并探索吸附机理，分别研究了不同温度条件下，PEI-MSN-La2吸附磷和CR的吸附等温线，并采用Langmuir, Freundlich和Dubinin-Radushkevich来拟合实验数据，如图6-7所示，相应的拟合参数见表6-4。对照相关性系数R^2值发现，Langmuir等温线模型相对于Freundlich和Dubinin-

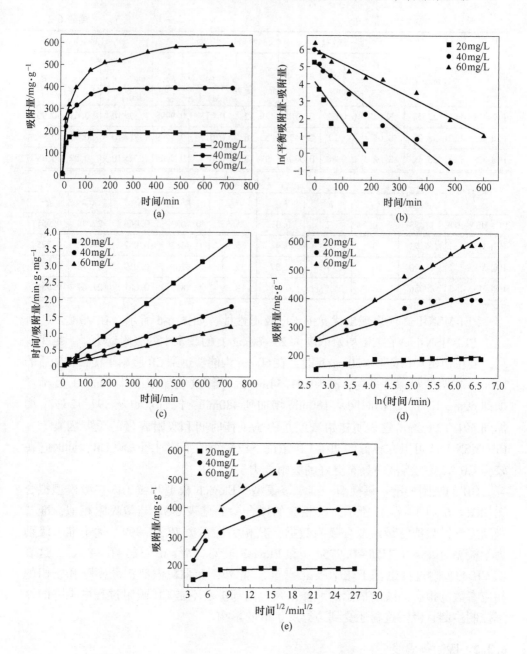

图 6-6 吸附剂对 CR 的吸附动力学和模型拟合图

(a) 不同初始浓度 CR 废水中 PEI-MSN-La2 对 CR 的吸附动力学；(b) 准一级模型拟合图；
(c) 准二级模型拟合图；(d) Elovich 模型拟合图；(e) 粒子内扩散模型拟合图

表 6-3 PEI-MSN-La2 对 CR 的吸附动力学拟合参数

模型		准一级模型			准二级模型			Elovich		
	$q_e^{exp}/\text{mg} \cdot \text{g}^{-1}$	$q_e^{cal}/\text{mg} \cdot \text{g}^{-1}$	k_1/min^{-1}	R^2	$q_e^{cal}/\text{mg} \cdot \text{g}^{-1}$	$k_2/\text{g} \cdot (\text{mg} \cdot \text{min})^{-1}$	R^2	$\alpha/\text{mg} \cdot (\text{g} \cdot \text{min})^{-1}$	$\beta/\text{g} \cdot \text{mg}^{-1}$	R^2
20mg/L	191.54	62.58	0.023	0.7755	192.68	0.0018	0.9997	0.523	8.92	0.7316
40mg/L	397.42	184.24	0.013	0.9537	406.50	0.00021	0.9999	0.422	44.43	0.8798
60mg/L	591.17	397.15	0.0081	0.9754	617.28	0.000050	0.9992	0.0147	89.76	0.9834

模型	颗粒内扩散模型								
	K_{d1}	C_1	R^2	K_{d2}	C_2	R^2	K_{d3}	C_3	R^2
20mg/L	11.35	107.27	0.7150	0.68	180.59	0.9820	0.04	190.51	0.9961
40mg/L	22.32	112.23	0.9015	10.17	244.54	0.8724	0.27	390.40	0.7611
60mg/L	36.47	117.07	0.9899	16.54	278.11	0.8849	4.06	486.82	0.7250

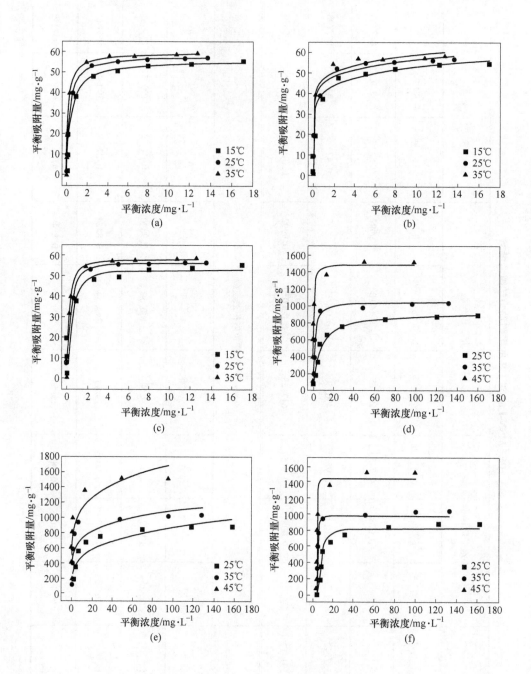

图 6-7 PEI-MSN-La2 对磷和 CR 的吸附等温线拟合图
(a)(d) Langmuir；(b)(e) Freundlich；(c)(f) Dubinin-Radushkevich 模型

表 6-4 PEI-MSN-La2 对磷和 CR 吸附数据的 Langmuir, Freundlich 和 Dubinin-Radushkevich 热力学拟合参数

模型		q_{max}/mg·g^{-1}	Langmuir			Freundlich			Dubinin-Radushkevich		
			K_L/L·mg^{-1}	R_L	R^2	K_F/mg·g^{-1}(L·mg^{-1})$^{1/n}$	n	R^2	q_m/mg·g^{-1}	$β$/mol^2·J^{-2}	R^2
P	15℃	55.53	2.50	0.018	0.8834	40.82	6.641	0.8815	53.06	9.72×10^{-8}	0.8802
	25℃	58.08	3.75	0.013	0.9061	45.25	7.07	0.8988	56.26	5.85×10^{-8}	0.9051
	35℃	5.43	0.0083	0.0083	0.9091	47.31	7.25	0.9019	57.76	3.42×10^{-8}	0.9085
CR	25℃	926.42	0.15	0.39	0.9730	264.04	3.87	0.8163	819.84	307.56×10^{-8}	0.9480
	35℃	1053.30	0.84	0.0090	0.9748	477.26	5.62	0.7180	977.84	20.06×10^{-8}	0.9599
	45℃	1493.82	2.82	0.0036	0.9093	734.16	5.53	0.7654	1441.36	4.29×10^{-8}	0.9056

Radushkevich 模型，可以更好地拟合 PEI-MSN-La2 对磷和 CR 的吸附数据，这表明磷和 CR 在 PEI-MSN-La2 上的吸附为单分子层吸附[34]。并且，Langmuir 模型在不同温度下计算的所有参数 R_L 都在 0~1 范围内，这表明污染物磷和 CR 在 PEI-MSN-La2 上的吸附过程都是有利的[34]。另外，Freundlich 的参数 n 在 2~10 范围内，这进一步证实了 PEI-MSN-La2 对磷和 CR 的良好吸附[51]。

表 6-5 比较了 PEI-MSN-La2 与文献中报道的其他介孔吸附剂对磷和 CR 的吸附能力[24,33,52-56]，从表中可见，与大多数吸附剂相比，制备的 PEI-MSN-La2 对磷和 CR 均具有优异的吸附能力。可见，PEI-MSN-La2 是一种高效吸附剂，对废水中磷和 CR 的去除具有潜在的应用前景。

表 6-5　PEI-MSN-La2 对磷和 CR 的吸附能力与文献中其他介孔吸附剂的比较

吸附剂	温度/℃	pH 值	吸附量/mg·g^{-1}		参考文献
			PO_4^{3-}	CR	
PEI-MSN-La2	25	5~8	58.08	926.42	本书
MagMSNs-42%La	30	4~11	54.2	—	[24]
La-BC	—	3	46.37	—	[52]
La$_5$EV	25	3~7	79.6	—	[33]
HM-棉	30	4~5	—	312	[53]
FeTiO$_x$	25	7	—	723.8	[54]
Sr$_{0.3}$Mg$_{0.7}$Fe$_2$O$_4$	36.85	4	—	217.39	[55]
Fe$_3$O$_4$@MSM-41-NH$_2$	25	4	—	224.21	[56]

6.3.3　吸附热力学

为了进一步了解 PEI-MSN-La 对磷和 CR 的吸附特性，通过 $\ln(q_e/C_e)$ 对 $1/T$ 的线性图获得了 3 个热力学参数，即 ΔG、ΔH 和 ΔS，如图 6-8 所示。表 6-6 给出了热力学参数的计算值。应注意，$\Delta G°$ 的所有值均小于零，表明磷或 CR 在 PEI-MSN-La2 上的吸附是自发的[33]。此外，ΔG 的值随着温度的升高而变得越来越负，这表明在较高的温度下磷或 CR 的吸附过程在能量上更加有利[21,32]。ΔS 为正值表示磷或 CR 吸附过程中随机度的增加，而 ΔH 的正值表示磷或 CR 的吸附过程都是吸热的[21,33]。

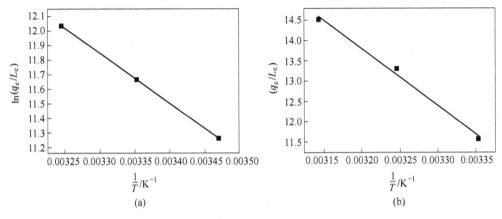

图 6-8 PEI-MSN-La2 对磷和 CR 吸附的 Van't Hoff 图

表 6-6 PEI-MSN-La 对磷和 CR 的热力学参数

吸附质	温度/℃	b/L·mol^{-1}	ΔG/kJ·mol^{-1}	ΔS/kJ·(mol·K)$^{-1}$	ΔH/kJ·mol^{-1}
P	15	7.746×10^4	−26.97		
	25	1.1612×10^5	−28.91	0.19	28.62
	35	1.6819×10^5	−30.83		
CR	25	1.0665×10^5	−21.96		
	35	5.8709×10^5	−26.30	0.48	115.01
	45	1.96248×10^6	−29.89		

6.3.4 共存离子和溶液 pH 值对吸附性能的影响

共存离子和溶液 pH 值对吸附性能的影响如图 6-9 所示。其中，溶液的酸度是影响吸附的关键因素[57]，因为吸附剂的表面电荷和被吸附物的主要离子形态都会随着溶液的 pH 值变化。从图 6-9（d）中可见，pH 值对 PEI-MSN-La2 的吸附性能起着重要作用。基于磷酸的 pK_a 值（pK_1=2.1、pK_2=7.2 和 pK_3=12.3），水溶液可以存在四种不同的磷酸根[48,58]。当 pH=2 时，溶液中的磷酸根主要以 H_3PO_4 的形式存在；当溶液的 pH 值在 2.15~7.20 范围内时，主要存在 $H_2PO_4^-$；而 pH 值为 7.20~10.0 时，溶液中主要存在 HPO_4^{2-}。另外，PEI-MSN-La2 的等电点（pH$_{pzc}$）为 6.5，所以在 pH<6.5 时，吸附剂表面呈正电性，即 La(Ⅲ)可能以 La(OH)$^{2+}$ 的形式出现，而 PEI 的氨基被质子化以形成正电荷位点，例如—NH_3^+。因此，当 pH=2 时，正电性的吸附剂表面与 H_3PO_4 分子之间作用较弱，导致吸附容量低。在 pH 值为 3.0~8.0 的溶液中，由于吸附剂的正活性位（如 La(OH)$_2^+$ 和—NH_3^+）和带负电

的磷酸根离子（主要为 $H_2PO_4^-$）之间的强静电吸引，实验得出在这一 pH 值区间吸附容量较高的结论，吸附量可达 35~40mg/g。此外，除了静电引力外，通过磷酸根离子与 $La(OH)_3$ 中的—OH 进行离子交换也可能促进吸附容量的提高[29]。随着离子交换作用的进行，被置换的 OH^- 释放到溶液中会导致溶液 pH 值的升高。通过监测吸附过程中溶液 pH 值的变化发现，溶液的初始 pH 值为 5.8，在开始的 120min 内逐渐升高至 6.8，达到动力学吸附平衡后溶液的 pH 值基本保持不变，这一实验结果证实了吸附过程中存在这种离子交换机理。当 pH>8.0 时，吸附剂表面的正电性活性位点去质子化，如—NH_3^+ 去质子化形成—NH_2，不能通过静电引力吸附磷酸根[59]。而且，PEI-MSN-La2 表面的负电性和占主导地位的磷酸盐物种 HPO_4^{2-} 之间存在库仑排斥，这也导致磷吸附量的显著降低[57]。

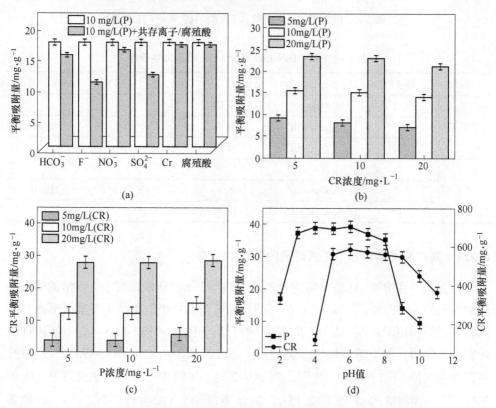

图 6-9　共存离子和 pH 值对吸附性能的影响

(a) 共存离子或腐殖酸对 PEI-MSN-La2 吸附磷的影响；(b, c) CR 和 P 二元溶液系统中 PEI-MSN-La2 对磷和 CR 的吸附容量；(d) 溶液初始 pH 值对 PEI-MSN-La2 吸附磷和 CR 性能的影响

在 4.0~11.0 的 pH 值范围内，吸附剂 PEI-MSN-La2 对 CR 的吸附容量也受到溶液 pH 值的影响。当 pH=4 时，CR 通常以邻醌内盐的形式存在[60]，而 PEI-

MSN-La2 的氨基可以质子化形成正电性的—NH_3^+。实验测试发现，PEI-MSN-La2 在 0.1% 的 CR 溶液中的 pH_{pzc} 值为 7.0。带正电荷的 PEI-MSN-La2 和 CR 的邻醌内盐形式中带相反电荷的位点之间的静电吸引和排斥力共存，导致吸附量相对较低。当溶液的 pH 值在 5.0~9.0 之间时，CR 的磺酸基（—SO_3Na）分解为带负电荷的 SO_3^-，从而导致 CR 带负电荷。从而 CR 中的 SO_3^- 和 PEI-MSN-La2 上的 —NH_3^+ 之间存在强烈的静电吸引力，并且 PEI-MSN-La2 上的—NH_2/—OH 基团与 CR 分子中的—SO_3^-/—NH_2 之间的氢键也促进了 CR 吸附[20]。在 pH>9 时，溶液中 OH^- 的量增加，并且它与 CR 竞争活性吸附位点；同时，CR 和带负电荷的 PEI-MSN-La2 之间的静电排斥力也增加，从而导致 CR 的吸附量显著减少[59]。可见，PEI-MSN-La2 吸附磷的最佳 pH 值范围为 3.0~8.0，而其对 CR 的最佳吸附 pH 值范围为 5.0~9.0，这表明 PEI-MSN-La2 在较宽的 pH 值范围内对磷和 CR 去除具有潜在的应用前景。

共存离子（HCO_3^-、F^-、NO_3^-、SO_4^{2-} 或 Cl^-）和腐殖酸对 PEI-MSN-La2 吸附磷能力的影响如图 6-9（a）所示。没有竞争离子的情况下，初始浓度为 40mg/L 磷溶液作为对照组。Cl^- 和腐殖酸对磷吸附性能的影响可忽略不计，而溶液中 NO_3^- 或 HCO_3^- 的存在会导致 PEI-MSN-La2 对磷去除能力的降低。此外，F^- 表现出最明显的竞争效应，这可能是由于 F^- 的强电负性所致，它可以更轻松地与活性位点结合[61]。

PEI-MSN-La2 在二元 P-CR 溶液中对磷和 CR 的同步吸附去除性能，如图 6-9（b）和（c）所示。在初始浓度为 5~20mg/L 的二元污染物溶液体系中，吸附剂对磷酸根离子的吸附量在 7~24mg/g 范围内，而对 CR 的吸附量在 10~37mg/g 的范围内，这表明 PEI-MSN-La2 对磷和 CR 具有同步吸附能力。当二元溶液中磷浓度为 5~20mg/L 时，PEI-MSN-La2 对磷的吸附容量几乎不受 CR 浓度的影响。以初始 P 浓度为 10mg/L 为例，当溶液中共存的 CR 浓度从 5mg/L 增加到 20mg/L 时，磷的吸附量从 15.43mg/g 略微变化到 14.17mg/g。即使共存的 CR(20mg/L) 浓度是磷的初始浓度（10mg/L）的两倍，PEI-MSN-La2 的磷吸附能力也仅降低了 9% 左右。这表明 CR 对磷吸附的竞争作用微不足道，并且在二元 P-CR 溶液系统中，磷酸盐离子优先被 PEI-MSN-La2 上的可用活性位点捕获，这可能是由于磷酸盐离子的尺寸比溶液中的 CR 更小，吸附速度更快所致[8,62]。然而，当二元溶液中磷的共存浓度为 5~20mg/L 时，PEI-MSN-La2 对溶液中 CR 吸附容量没有明显的竞争作用。实际上，随着共存磷浓度的增加，PEI-MSN-La2 上的 CR 吸附似乎略有增加。根据吸附后样品的 XRD 和 XPS 的分析结果，PEI-MSN-La2 上吸附的磷酸盐可能呈 $LaPO_4$ 形式，$LaPO_4$ 能够进一步吸附去除 CR，促进了磷和 CR 的同时去除。因此，PEI-MSN-La2 作为高效吸附剂，在二元溶液中磷和 CR 的同步去除方面具有潜在的应用前景。

6.4 吸附机理分析

为了进一步研究吸附过程，采用 XRD、FTIR、SEM、TEM 和 EDS 等表征测试手段对磷和 CR 吸附后的 PEI-MSN-La2 进行分析，如图 6-10 和图 6-11 所示。从 SEM 图（见图 6-10 (a)(b)）可知，磷和 CR 吸附后的 PEI-MSN-La2 吸附剂的形貌与未使用过的 PEI-MSN-La2 相似。EDS 元素分析（见图 6-10 (c)(d)）结果发现，除了 PEI-MSN-La2 样品中的镧、硅、氧和氮元素外，吸附了磷和 CR 的吸附剂中还存在 0.65%（质量分数）的磷和 0.30%（质量分数）的硫（来自 CR 分子），证实了 PEI-MSN-La2 对磷和 CR 具有吸附能力。在单一磷或二元溶液系统中，吸附后回收的 PEI-MSN-La2 样品的 XRD 图谱（见图 6-11 (a)）中都观察到 $LaPO_4$，即在约 32°和 42°处出现了两个新的属于 $LaPO_4$ 的弱峰（JCPDS 73-0188），这进一步证实了 PO_4^{3-} 和 La—OH 之间通过配体交换机制形成了 $LaPO_4$[63]。从 TEM 和 HRTEM 图像中发现，所形成的 $LaPO_4$ 以纳米球和纳米棒的形式存在，如图 6-10 (e)~(h) 所示。其中，0.212nm 和 0.183nm 的晶格间距对应 $LaPO_4$ 纳米粒子的 (211) 和 (212) 晶面，而 0.315nm 和 0.309nm 的晶格间距对应 $LaPO_4$ 纳米粒子的 (200) 和 (120) 晶面。这种不同形貌 $LaPO_4$ 纳米粒子的形成可能与其生长的介孔孔道的大小有关。根据文献[63]可知，$LaPO_4$ 在受限的介孔孔道中倾向于形成纳米棒，而在大孔中则倾向于形成纳米颗粒。

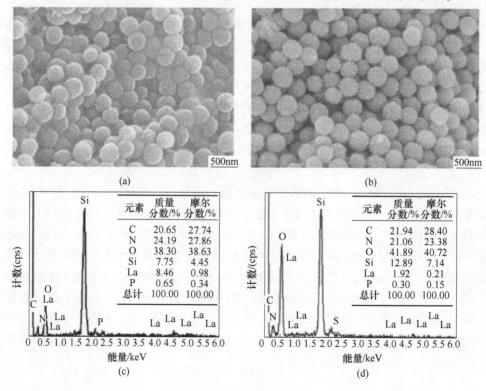

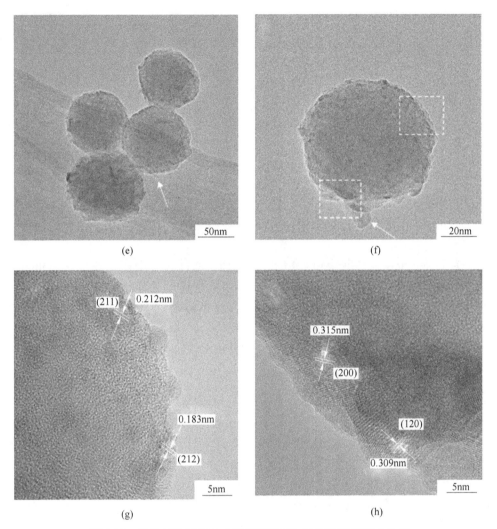

图 6-10 样品 PEI-MSN-La2 吸附磷和 CR 后的形貌和组成分析
(a) (b) SEM 图；(c) (d) EDS 元素分析；(e) (f) TEM 图；(g) (h) HRTEM 图

在单组分（P 或 CR）和二元组分（P-CR）溶液系统中，吸附前后的吸附剂 FTIR 光谱如图 6-11（b）所示。在磷吸附后吸附剂的 FTIR 光谱中，1085cm^{-1} 和 551cm^{-1} 处的新特征峰对应 P—O 和—O—P—O 基团，进一步证实了磷酸盐的吸附。此外，1644cm^{-1} 处属于 N—H 的特征峰减弱了，这可能是由于 N—H 键与磷酸盐之间的相互作用所致。在 CR 吸附后的吸附剂的 FTIR 光谱中，在 1200~1700cm^{-1} 和 350~1000cm^{-1} 两个区域发现了源自 CR 的新特征峰。此外，1051cm^{-1} 处的—SO$_3$ 的新特征峰，进一步证明了 CR 已被 PEI-MSN-La2 吸附。

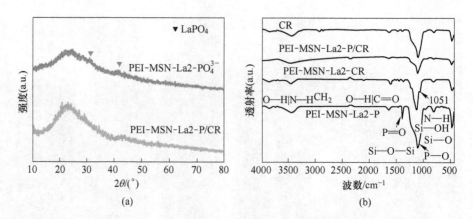

图 6-11 吸附磷和 CR 后样品 PEI-MSN-La2 的 XRD 图（a）和 FTIR 图（b）

为了进一步探索磷酸盐和 CR 的吸附机理，通过 XPS 分析了在单一磷和二元 P-CR 溶液系统中 PEI-MSN-La2 吸附之前和吸附之后的表面组成和化学状态，如图 6-12 所示。从 XPS 图中可以明显发现，在单一磷和二元溶液吸附后回收的 PEI-MSN-La2 在 132.81eV 处都出现了对应 P $2p$ 的新峰（见图 6-12（a）），这是磷成功吸附到 PEI-MSN-La2 上的有力证据[48,64]。与位于约 134.0eV 处的纯化 KH_2PO_4 相比，P $2p$ 的峰移至较低的结合能值（约 1.2eV）处，这表明吸附后回收的样品中存在磷络合物[65]。在二元 P-CR 溶液中吸附后，在 167.59eV 处观察到另一个新的 S $2p$ 峰，如图 6-12（b）所示，这可以归因于 CR 分子（$C_{32}H_{22}N_6Na_2O_6S_2$）中的—$SO_3$ 基团[15]。这些变化证实了在二元溶液中，磷和 CR 能够同时吸附在 PEI-MSN-La2 上。

吸附之前 PEI-MSN-La2 的高分辨率 La $3d$ 光谱中存在两组分别位于 834.80/838.17eV 和 851.27/854.65eV 的代表性卫星峰，分别对应于 La $3d_{5/2}$ 和 La $3d_{3/2}$[64]。在磷酸盐溶液中吸附后回收的吸附剂 PEI-MSN-La2+P 观察到了镧的特征峰向更高结合能处移动，表明磷酸盐与镧之间存在较强的亲和力和相互作用，并且可能形成了 La-O-P 络合物[65]。这些发现证实了作为活性位点的 La(Ⅲ) 参与了吸附过程。此外，在二元磷和 CR 溶液中吸附后，镧拟合峰进一步移动到更高的能级，表明镧对磷和 CR 是同时吸附。另外，在图 6-12（a）中，与磷单溶液（132.81eV）相比，二元 P-CR 溶液中的 P $2p$ 峰移至更高的键合能位置（133.14eV），这表明被吸附的磷酸盐可能进一步参与 CR 的吸附。已有文献报道含金属磷酸盐的吸附剂可以通过磷酸盐和 CR 之间的氢键对 CR 表现出优异的吸附能力[66]。因此，可以推断出新形成的 $LaPO_4$ 在二元 P-CR 溶液系统的吸附中将作为活性物质进一步吸附 CR，从而达到磷和 CR 同步去除的优异吸附性能。

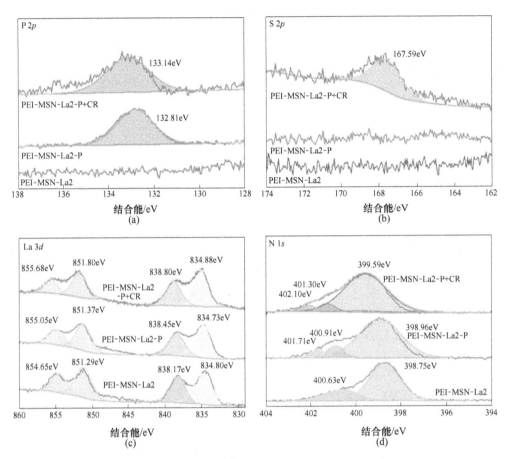

图 6-12 PEI-MSN-La2 吸附前后的高分辨率 XPS 光谱
(a) P 2p;(b) S 2p;(c) La 3d;(d) N 1s

PEI-MSN-La2 吸附剂表面的 N 1s 的结合能位于 398.75eV 和 400.63eV，分别对应于 PEI 中的—NH—/—NH$_2$ 和≡N—[38]。在磷溶液和二元溶液中吸附后回收的 PEI-MSN-La2 除了≡N—(398.96eV) 和—NH—(400.91eV) 的键能发生轻微变化外，还测到位于 401.7eV 的归属于质子化的氨基—NH$_3^+$ 新峰，如图 6-12 (d) 所示。在二元 P-CR 溶液吸附后，回收的吸附剂 PEI-MSN-La2-P+CR 的 N 1s 谱由三个拟合峰组成，其中—NH—/NH$_2$ 的峰出现明显的蓝移 (0.89eV)，这主要是因为 CR 分子中的—NH$_2$ 基团与 PEI-MSN-La2 表面的含氮基团之间存在分子间氢键，导致电子密度变化[20]。此外，—NH$_3^+$ 的键能也发生了一定的偏移，这表明—NH$_3^+$ 和阴离子染料 CR 和磷酸根离子之间存在静电引力，这种静电作用有助于其将磷和 CR 同步吸附去除。总之，对比 PEI-MSN-La2 吸附剂在单一磷溶液和二元溶液吸附前后各元素的高分辨率 XPS 谱图，发现镧和氮的结合能均显示出明显的变化或位移，这表明它们作为活性位点参与了吸附过程。

基于以上分析结果，磷在 PEI-MSN-La2 上的吸附机理可归纳如下：（1）静电引力；（2）氢键；（3）配体交换作用。另外，CR 在 PEI-MSN-La2 上的吸附机理主要归因于：（1）静电引力，（2）氢键。此外，在 PEI-MSN-La2 上形成的 La-PO$_4$还能作为活性位点吸附二元 P-CR 溶液体系中的 CR。

6.5 吸附剂再生性能和不同介质模拟废水中的性能

吸附剂的再生和可循环利用性能关系到吸附剂的实际应用效果，通过设计吸附—脱附循环实验研究了 PEI-MSN-La2 吸附剂的可循环利用性能，如图 6-13 (a) 所示。采用 0.01mol/L NaOH 溶液用脱附液处理磷吸附后的 PEI-MSN-La2，采用无水乙醇作为 CR 吸附后 PEI-MSN-La2 的脱附液。为了提高可循环再利用性能，脱附后的吸附剂采用 La^{3+} 溶液（0.5mol/L）再处理后，用于随后的吸附—脱附循环。在第一次循环中，PEI-MSN-La2 在 20mg/L 磷溶液中的吸附量为 34.96mg/g，在随后的三个吸附—解吸循环中，观察到吸附量变化不大。在第四次吸附循环中，吸附量仍可达 32.20mg/g，即第四次循环中仍保存了 92% 的吸附容量，可见，PEI-MSN-La2 吸附剂具有良好的可重复使用性。

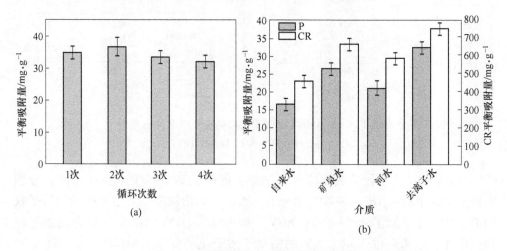

图 6-13 吸附循环和介质对吸附的影响
(a) PEI-MSN-La2 在磷酸盐溶液中的吸附循环图；
(b) PEI-MSN-La2 在不同介质模拟废水中对磷和 CR 的吸附容量对比图

为了进一步研究吸附剂的实际应用性能，分别采用不同介质，如自来水、矿泉水和河水（章江、赣州）配制模拟废水，研究了 PEI-MSN-La2 对模拟废水中的磷和 CR 的吸附能力。图 6-13 (b) 所示为 PEI-MSN-La2 在不同模拟废水中对磷和 CR 的吸附容量，通过比较可以得出磷的吸附容量增大顺序为：自来水配制废水（16.5mg/g）<河水配制废水（21.1mg/g）<矿泉水配置废水（26.2mg/g）<去离子水配制废水（32.1mg/g）。同样，PEI-MSN-La2 在不同模拟废水中对 CR 的吸附容量顺序也同上。可见，在去离子水制得的模拟废水中，PEI-MSN-La2 对磷和 CR 的吸附最高，分别为 32.08mg/g 和 750.1mg/g。另外，用自来水制备的模拟废水中，磷和 CR 在 PEI-MSN-La2 上的吸附容量最低。这可能是由于自来水中添加漂白粉而存在一定量的次氯酸根离子，这些具有强氧化能力的次氯酸盐离子可能导致吸附剂表面—NH_2 氧化为—NO_2[30]，从而降低磷和 CR 的吸附容量。值得注意的是，PEI-MSN-La2 在以河水为介质的废水中的吸附容量约为去离子水废水中的 65%和 88%，这表明 PEI-MSN-La2 在实际废水中磷和 CR 的有效去除方面具有潜在应用前景。

参 考 文 献

[1] Parvin S, Biswas B K, Rahman M A, et al. Study on adsorption of Congo red onto chemically modified egg shell membrane [J]. Chemosphere, 2019, 236: 124326.

[2] Yang L, Zhang Y, Liu X, et al. The investigation of synergistic and competitive interaction between dye Congo red and methyl blue on magnetic $MnFe_2O_4$ [J]. Chem. Eng. J., 2014, 246: 88~96.

[3] Das S, Chakraborty P, Ghosh R, et al. Folic acid-polyaniline hybrid hydrogel for adsorption/reduction of Chromium (Ⅵ) and selective adsorption of anionic dye from water [J]. ACS Sustain. Chem. Eng., 2017, 5: 9325~9337.

[4] Zheng Y, Wang H, Cheng B, et al. Fabrication of hierarchical bristle-grass-like $NH_4Al(OH)_2CO_3$@$Ni(OH)_2$ core-shell structure and its enhanced Congo red adsorption performance [J]. J. Alloys Compd., 2018, 750: 644~654.

[5] Jung K W, Lee S, Lee Y J. Synthesis of novel magnesium ferrite ($MgFe_2O_4$)/biochar magnetic composites and its adsorption behavior for phosphate in aqueous solutions [J]. Bioresour Technol., 2017, 245: 751~759.

[6] Yuan L, Qiu Z, Yuan L, et al. Adsorption and mechanistic study for phosphate removal by magnetic Fe_3O_4-doped spent FCC catalysts adsorbent [J]. Chemosphere, 2019, 219: 183~190.

[7] Yang H, He K, Lu D, et al. Removal of phosphate by aluminum-modified clay in a heavily polluted lake, Southwest China: Effectiveness and ecological risks [J]. sci. Total Environ., 2020, 705: 135850.

[8] Cheng S, Shao L, Ma J, et al. Simultaneous removal of phosphates and dyes by Al-doped iron oxide decorated MgAl layered double hydroxide nanoflakes [J]. Environ. Sci. Nano., 2019, 6: 2615~2625.

[9] Amin M T, Alazba A A, Manzoor U. A review of removal of pollutants from water/wastewater using different types of nanomaterials [J]. Adv. Mater. Sci. Eng., 2014, 2014: 1~24.

[10] Kim E H, Lee D W, Hwang H K, et al. Recovery of phosphates from wastewater using converter slag: Kinetics analysis of a completely mixed phosphorus crystallization process [J]. Chemosphere, 2006, 63: 192~201.

[11] Marican A, Duran-Lara E F. A review on pesticide removal through different processes [J]. Environ. Sci. Pollut. Res., 2018, 25: 2051~2064.

[12] Loganathan P, Vigneswaran S, Kandasamy J, et al. Removal and recovery of phosphate from water using sorption [J]. Crit. Rev. Environ. Sci. Technol., 2014, 44: 847~907.

[13] Julinova M, Slavik R. Removal of phthalates from aqueous solution by different adsorbents: A short review [J]. J. Environ. Manage., 2012, 94: 13~24.

[14] Singh N B, Nagpal G, Agrawal S. Rachna, water purification by using adsorbents: A Review [J]. Environ. Technol. Inno., 2018, 11: 187~240.

[15] Zhang F, Tang X, Lan J, et al. Successive removal of Pb^{2+} and Congo red by magnetic phosphate nanocomposites from aqueous solution [J]. Sci. Total Environ., 2019, 658: 1139~1149.

[16] Qin L, Ge Y, Deng B, et al. Poly (ethylene imine) anchored lignin composite for heavy metals capturing in water [J]. J. Taiwan Inst. Chem. E., 2017, 71: 84~90.

[17] Chen W, Shen Y, Ling Y, et al. Synthesis of positively charged polystyrene microspheres for the removal of Congo red, phosphate, and chromium (Ⅵ). ACS Omega, 2019, 4: 6669~6676.

[18] Kong L, Tian Y, Pang Z, et al. Synchronous phosphate and fluoride removal from water by 3D rice-like lanthanum-doped La@ MgAl nanocomposites [J]. Chem. Eng. J., 2019, 371: 893~902.

[19] Bucatariu F, Ghiorghita C A, Zaharia M M, et al. Removal and separation of heavy metal ions from multicomponent simulated waters using silica/polyethyleneimine composite microparticles [J]. ACS Appl. Mater. Interfaces., 2020, 12: 37585~37596.

[20] Quan X, Sun Z, Meng H, et al. Polyethyleneimine (PEI) incorporated Cu-BTC composites: Extended applications in ultra-high efficient removal of congo red [J]. J. Solid State Chem., 2019, 270: 231~241.

[21] Shi Y, Zhang T, Ren H, et al. Polyethylene imine modified hydrochar adsorption for chromium (Ⅵ) and nickel (Ⅱ) removal from aqueous solution [J]. Bioresour Technol, 2018, 247: 370~379.

[22] Xie X, Gao H, Luo X, et al. Polyethyleneimine modified activated carbon for adsorption of Cd (Ⅱ) in aqueous solution [J]. J. Environ. Chem. Eng., 2019, 7: 103183.

[23] Bacelo H, Pintor A M A, Santos S C R, et al. Performance and prospects of different adsorbents for phosphorus uptake and recovery from water [J]. Chem. Eng. J., 2020, 381: 122566.

[24] Chen L, Li Y, Sun Y, et al. La(OH)$_3$ loaded magnetic mesoporous nanospheres with highly efficient phosphate removal properties and superior pH stability [J]. Chem. Eng. J., 2019,

360: 342~348.

[25] Tang Q, Shi C, Shi W, et al. Preferable phosphate removal by nano-La (Ⅲ) hydroxides modified mesoporous rice husk biochars: Role of the host pore structure and point of zero charge [J]. Sci. Total Environ. , 2019, 662: 511~520.

[26] Jiao J, Fu J, Wei Y, et al. Al-modified dendritic mesoporous silica nanospheres-supported NiMo catalysts for the hydrodesulfurization of dibenzothiophene: Efficient accessibility of active sites and suitable metal-support interaction [J]. J. Catal. , 2017, 356: 269~282.

[27] Du X, Qiao S Z. Dendritic silica particles with center-radial pore channels: promising platforms for catalysis and biomedical applications [J]. Small, 2015, 11: 392~413.

[28] Wang Y, Nor Y A, Song H, et al. Small-sized and large-pore dendritic mesoporous silica nanoparticles enhance antimicrobial enzyme delivery [J]. J. Mater. Chem. B. , 2016, 4: 2646~2653.

[29] Li S, Huang X, Liu J, et al. PVA/PEI crosslinked electrospun nanofibers with embedded La(OH)$_3$ nanorod for selective adsorption of high flux low concentration phosphorus [J]. J. Hazard. Mater., 2020, 384: 121457.

[30] Geng J, Yin Y, Liang Q, et al. Polyethyleneimine cross-linked graphene oxide for removing hazardous hexavalent chromium: Adsorption performance and mechanism [J]. Chem. Eng. J. , 2019, 361: 1497~1510.

[31] Choudhary B C, Paul D, Borse A U, et al. Surface functionalized biomass for adsorption and recovery of gold from electronic scrap and refinery wastewater [J]. Sep. Purif. Technol. , 2018, 195: 260~270.

[32] Wang D, Hu W, Chen N, et al. Removal of phosphorus from aqueous solutions by granular mesoporous ceramic adsorbent based on Hangjin clay [J]. Desalin Water Treat, 2016, 57: 22400~22412.

[33] Huang W Y, Li D, Liu Z Q, et al. Kinetics, isotherm, thermodynamic, and adsorption mechanism studies of La(OH)$_3$-modified exfoliated vermiculites as highly efficient phosphate adsorbents [J]. Chem. Eng. J. , 2014, 236: 191~201.

[34] Zhang F, Tang X, Huang Y, et al. Competitive removal of Pb^{2+} and malachite green from water by magnetic phosphate nanocomposites [J]. Water Res. , 2019, 150: 442~451.

[35] Wang Y, Song H, Yu M, et al. Room temperature synthesis of dendritic mesoporous silica nanoparticles with small sizes and enhanced mRNA delivery performance [J]. J. Mater. Chem. B. , 2018, 6: 4089~4095.

[36] Edo G M, Balmori A, Pontón I, et al. Functionalized ordered mesoporous silicas (MCM-41): synthesis and applications in catalysis [J]. Catalysts, 2018, 8: 617.

[37] Ouyang J, Gu W, Zheng C, et al. Polyethyleneimine (PEI) loaded MgO-SiO$_2$ nanofibers from sepiolite minerals for reusable CO_2 capture/release applications [J]. Appl Clay Sci. , 2018, 152: 267~275.

[38] Tang Y, M. Li, Mu C, et al. Ultrafast and efficient removal of anionic dyes from wastewater by

polyethyleneimine-modified silica nanoparticles [J]. Chemosphere, 2019, 229: 570~579.

[39] Jaffar B M, Swart H C, Ahmed H A A S, et al. Stability of Bi doped La_2O_3 powder phosphor and PMMA composites [J]. J. Phys. Chem. Solids., 2019, 131: 156~163.

[40] Huang Q, Liu M, Zhao J, et al. Facile preparation of polyethylenimine-tannins coated SiO_2 hybrid materials for Cu^{2+} removal [J]. Appl. Surf. Sci., 2018, 427: 535~544.

[41] Li S, Ding F, Lin X, et al. Layer-by-Layer self-assembly of organic-inorganic hybrid intumescent flame retardant on cotton fabrics [J]. Fibers Polyms. 2019, 20: 538-544.

[42] Qiao Y, Liu C, Zheng X. Enhancing the quantum yield and Cu^{2+} sensing sensitivity of carbon dots based on the nano-space confinement effect of silica matrix [J]. Sens. Actuators. B. Chem., 2018, 259: 211~218.

[43] Noormohamadi H R, Fathi M R, Ghaedi M. Fabrication of polyethyleneimine modified cobalt ferrite as a new magnetic sorbent for the micro-solid phase extraction of tartrazine from food and water samples [J]. Colloid Interface Sci. J. Colloid Interface Sci., 2018, 531: 343~351.

[44] Shen S, Kang M, Lu A, et al. Synthesis of silica/rare-earth complex hybrid luminescence materials with cationic surfactant and their photophysical properties [J]. J. Phys. Chem. Solids., 2019, 133: 79~84.

[45] Sharma P P, Gahlot S, Bhil B M, et al. An environmentally friendly process for the synthesis of an fGO modified anion exchange membrane for electro-membrane applications [J]. RSC Adv., 2015, 5: 38712~38721.

[46] Przekop R E, Marciniak P, Sztorch B, et al. One-pot synthesis method of SiO_2-$La_2O_2CO_3$ and SiO_2-La_2O_3 systems using metallic lanthanum as a precursor [J]. J. Non Cryst Solids., 2019, 520: 119444.

[47] Cheng J, Liu N, Hu L, et al. Polyethyleneimine entwine thermally-treated Zn/Co zeolitic imidazolate frameworks to enhance CO_2 adsorption [J]. Chem. Eng. J., 2019, 364: 530~540.

[48] Dong S, Wang Y, Zhao Y, et al. La^{3+}/La(OH)$_3$ loaded magnetic cationic hydrogel composites for phosphate removal: Effect of lanthanum species and mechanistic study [J]. Water Res., 2017, 126: 433~441.

[49] Gholami M, Amin M H, Tardio J. Studies on the adsorption of phosphate using lanthanide functionalized KIT-6 [J]. Microporous Mesoporous Mater, 2019, 286: 77~83.

[50] Debnath S, Ballav N, Maity A, et al. Development of a polyaniline-lignocellulose composite for optimal adsorption of Congo red [J]. Int. J. Biol. Macromol., 2015, 75: 199~209.

[51] Ahmad Z U, Yao L, Wang J, et al. Neodymium embedded ordered mesoporous carbon (OMC) for enhanced adsorption of sunset yellow: Characterizations, adsorption study and adsorption mechanism [J]. Chem. Eng. J., 2019, 359: 814~826.

[52] Wang Z, Shen D, Shen F, et al. Phosphate adsorption on lanthanum loaded biochar [J]. Chemosphere, 2016, 150: 1~7.

[53] Tao J, Xiong J, Jiao C, et al. Cellulose/polymer/silica composite cotton fiber based on a

hyperbranch-mesostructure system as versatile adsorbent for water treatment [J]. Carbohydr. Polym. , 2017, 166: 271~280.

[54] Zhao S, Kang D, Yang Z, et al. Facile synthesis of iron-based oxide from natural ilmenite with morphology controlled adsorption performance for Congo red [J]. Appl. Surf. Sci. , 2019, 488: 522~530.

[55] Ravi R, Iqbal S, Ghosal A, et al. Novel mesoporous trimetallic strontium magnesium ferrite ($Sr_{0.3}Mg_{0.7}Fe_2O_4$) nanocubes: A selective and recoverable magnetic nanoadsorbent for Congo red [J]. J. Alloys Compd. , 2019, 791: 336~347.

[56] Khaledyan E, Alizadeh K, Mansourpanah Y. Synthesis of magnetic nanocomposite core-shell Fe_3O_4@ MCM-41-NH_2 and its application for removal of congo red from aqueous solutions [J]. Iran J Sci. Technol Trans Sci. , 2018, 43: 801~811.

[57] Awual M R. Efficient phosphate removal from water for controlling eutrophication using novel composite adsorbent [J]. J. Clean. Prod. , 2019, 228: 1311~1319.

[58] Perrin D D, Dempsey B. Buffers for pH and Metal Ions Control [M]. London: Chapman & Hall, 1974.

[59] Raval N P, Shah P U, Ladha D G, et al. Comparative study of chitin and chitosan beads for the adsorption of hazardous anionic azo dye Congo red from wastewater [J]. Desalin Water Treat, 2015, 57: 9247~9262.

[60] Yokwana K, Kuvarega A T, Mhlanga S D, et al. Mechanistic aspects for the removal of Congo red dye from aqueous media through adsorption over N-doped graphene oxide nanoadsorbents prepared from graphite flakes and powders [J]. Phys. Chem. Earth. , 2018, 107: 58~70.

[61] Li G, Gao S, Zhang G, et al. Enhanced adsorption of phosphate from aqueous solution by nanostructured iron(Ⅲ)-copper(Ⅱ) binary oxides [J]. Chem. Eng. J. , 2014, 235: 124~131.

[62] Tang J, Zhang Y F, Liu Y, et al. Efficient ion-enhanced adsorption of congo red on polyacrolein from aqueous solution: Experiments, characterization and mechanism studies [J]. Sep. Purif. Technol. , 2020, 252.

[63] Yang J, Yuan P, Chen H Y, et al. Rationally designed functional macroporous materials as new adsorbents for efficient phosphorus removal [J]. J. Mater. Chem. , 2012, 9983~9990.

[64] Chen L, Liu F, Wu Y, et al. In situ formation of La($OH)_3$-poly (vinylidene fluoride) composite filtration membrane with superior phosphate removal properties [J]. Chem. Eng. J. , 2018, 347: 695~702.

[65] Wu Y, Li X, Yang Q, et al. Hydrated lanthanum oxide-modified diatomite as highly efficient adsorbent for low-concentration phosphate removal from secondary effluents [J]. J. Environ. Manage. , 2019, 231: 370~379.

[66] Boumhidi B, Katir N, Haskouri J E, et al. Phosphorylation triggered growth of metal phosphate on halloysite and sepiolite nanoparticles: Preparation, entrapment in chitosan hydrogels and application as recyclable scavengers [J]. New J. Chem. , 2020, 44: 14136~14144.

7 总结及展望

研究和开发具有吸附量高、吸附速率快、经济实用等优点的吸附剂一直是废水处理和净化领域的研究热点。本书介绍了以有序介孔二氧化硅材料为基体，通过调控孔径、构建大孔-介孔分级结构、乙二胺官能团改性、金属氧化物/氢氧化物负载和聚乙烯亚胺交联等多种改性手段获得新型功能化介孔吸附剂，并系统研究了所制备吸附剂在废水中对无机磷及有机染料刚果红的吸附性能，得到如下结论：

（1）采用一步法合成了不同乙二胺官能团含量的 MCM-41 介孔材料，与 Fe(Ⅲ)作用后形成带正电性活性位点（Fe-乙二胺）的吸附剂，对水体中的磷具有高效的去除能力。吸附数据符合 Langmuir 模型，MCM-41-NN-Fe-30%的磷吸附量可高达 52.5mg/g。吸附剂的各项表征结果表明，在 10%~30%改性实验范围内，合成过程中官能团加入量的增大导致样品的孔结构发生变化，介孔的有序性降低，但吸附量增加。

（2）采用 NH_4F 辅助一步法合成了一系列不同官能团负载量（AAPTS/TEOS 摩尔比为 0.10~0.60）的 Fe(Ⅲ)-乙二胺功能化 SBA-15 吸附剂，并系统研究了乙二胺负载量对吸附除磷性能的影响。结果表明，乙二胺含量的增加，使得吸附剂的孔径不断减少，失去介孔结构，从而导致吸附性能的变化。当 AAPTS/TEOS 摩尔比为 0.50 时，所合成的吸附剂具有最大的吸附量 20.7mg/g，并且能保持一定的有序介孔结构。吸附数据符合 Langmuir 模型和二级动力学模型，说明该吸附剂的吸附机理为单分子层吸附和化学吸附。此外，吸附剂的脱附率可高达 90%。

（3）合成了 Fe(Ⅲ)/Al(Ⅲ)-乙二胺功能化大孔-介孔层次结构除磷吸附剂，并研究了所合成吸附剂的除磷性能。当 PS/TEOS 质量比为 4:1 时，所合成的吸附剂 SBA-NN-Fe-4 具有均匀的大孔网状结构和高度集中的有序介孔结构，该特殊结构的吸附剂具有较高吸附量和较快吸附速率。Al(Ⅲ)-乙二胺功能化的介孔-大孔层次结构吸附剂 MM-SBA 与单一介孔吸附剂 M-SBA 相比，具有增强的吸附量（q_0=23.59mg/g）和快速的吸附速率（1min 的去除率高于 95%）。研究表明可通过改变孔道结构，可制备出除磷性能进一步提高的吸附剂。

（4）分别制备了空心介孔微球和花状介孔微球，采用乙醇挥发法，在其介孔孔道中负载不同含量的镧，获得一系列氧化镧负载的新型空心介孔微球和花状介孔微球除磷吸附剂。各项表征测试结果表明，氧化镧负载后，吸附剂仍然保持原有的空心介孔结构和花状介孔微球结构，然而负载量的增加会导致吸附剂的比表面积、孔容和孔径等降低。吸附剂的除磷性能随着氧化镧负载量的增加而增强，其中样品 HMS-1/5 的最大吸附量为 47.89mg/g，样品 FMS-0.2La 的最大吸附量为 44.82mg/g。吸附数据符合 Langmuir 模型和准二级动力学模型，pH 值在 3.0~8.0 之间具有最佳吸附除磷效果。干扰离子如 F^-、Cl^- 和 SO_4^{2-} 等对吸附量基本没有影响。

（5）合成了一系列 PEI/La(OH)$_3$ 功能化的树枝状介孔微球，并将其作为新型吸附剂用于去除单一和二元污染物溶液中的磷和 CR。当 10% PEI 甲醇溶液作为交联溶液，镧含量为 13.49%（质量分数）时，所获得的吸附剂 PEI-MSN-La2 具有最优化吸附性能，在较宽的 pH 值范围内（磷为 3.0~8.0，CR 为 5.0~9.0）具有较高吸附量。PEI-MSN-La2 在二元（P-CR）溶液中对磷和 CR 的同步去除也表现出良好的吸附性能，磷在 PEI-MSN-La2 上的吸附机理主要为静电吸引、氢键作用和配体交换；而 CR 的吸附则是静电吸引和氢键作用。研究发现，磷吸附后，PEI-MSN-La2 表面形成了 LaPO$_4$ 纳米粒子和纳米棒，它们可作为吸附 CR 的活性位点，进而提高了二元（P-CR）溶液中 CR 的去除。再生的吸附剂具有良好的循环吸附性能，并且，镧浸出（小于 0.001mg/L）可忽略不计。

总之，功能化介孔材料在处理不同废水中无机磷和有机染料方面具有吸附容量高、吸附速率快等优势。然而，目前的工作大多集中在实验室研究成果，这些材料在商业化之前，还要进行更多的实际应用研究，以及综合考虑经济因素，比如材料合成的简易性和成本等。金属氧化物或氢氧化物，如铁、镧等负载的介孔材料具有吸附量高、制备简单等特点，可考虑进一步开发为湿地基质，研究其对实际富营养化含磷废水的去除效果。然而，在防止金属元素的浸出和提高其循环利用能力方面需要做更多的工作。并且，在实际废水处理中，通常是采用吸附法与化学法和其他废水处理手段结合连续处理，因此有必要采用动态吸附实验进一步研究吸附剂的动态吸附性能。

传统吸附材料因吸附效率低、吸附材料不能回收等问题已经不能满足日益严格的环境法规，因此，制备具有良好吸附效果、操作简单且可以回收的新型吸附材料一直是废水处理领域的研究热点。为了提高吸附剂的回收率，可以考虑在介孔材料中引入磁体内核，通过磁分离提高吸附剂的分离和再利用性能。此外，介孔材料以膜的形式在不同的工业应用中具有吸引人的特性，且吸附后可方便地从溶液中回收，将成为未来的研究热点。